高素质农民培训系列丛书

长江中下游毛豆栽培与生产

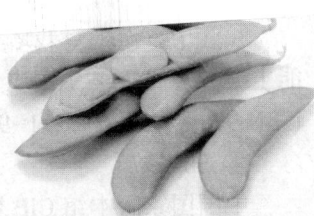

闫 良 葛长军 张晓能 主编

中国农业科学技术出版社

图书在版编目(CIP)数据

长江中下游毛豆栽培与生产 / 闫良，葛长军，张晓能主编. --北京：中国农业科学技术出版社，2025.1.
ISBN 978-7-5116-7291-9

Ⅰ.S643.7

中国国家版本馆 CIP 数据核字第 20259121DB 号

责任编辑	白姗姗
责任校对	李向荣
责任印制	姜义伟　王思文

出 版 者	中国农业科学技术出版社
	北京市中关村南大街 12 号　邮编：100081
电　　话	（010）82106638（编辑室）　（010）82106624（发行部）
	（010）82109709（读者服务部）
网　　址	https://castp.caas.cn
经 销 者	各地新华书店
印 刷 者	鸿博睿特（天津）印刷科技有限公司
开　　本	140 mm×203 mm　1/32
印　　张	6.75
字　　数	140 千字
版　　次	2025 年 1 月第 1 版　2025 年 1 月第 1 次印刷
定　　价	40.00 元

◆━━ 版权所有·翻印必究 ━━◆

《长江中下游毛豆栽培与生产》编委会

主　编：闫　良　葛长军　张晓能
副主编：李进兰　张中南　代俊芬　丁　昊
　　　　孙庆国　林　璟　邓秋雨　邵　瑞
　　　　卢华平　兰志勇
顾　问：程　舒　王　轲

前　言

毛豆即菜用大豆，是指在荚色和籽粒颜色青绿、豆荚鼓粒饱满时采收的专用型大豆品种。毛豆在美国、日本、韩国、泰国等地普遍种植，也颇受消费者的欢迎。我国毛豆具有深厚的历史与文化背景，从古代的食用方式到现代的产业发展，毛豆一直与人类社会紧密相连。在1620年，我国明代周文华撰写的《汝南圃史》中，最早使用了"毛豆"一词。

长江中下游地区为我国毛豆主要生产地之一，栽培食用历史悠久。但关于毛豆的研究工作起步较晚，20世纪90年代初才逐渐有农业科技工作者关注毛豆栽培品种与技术，目前主要有中国农业科学院油料作物研究所和黄冈市农业科学院等科研单位在开展品种选育工作。随着毛豆种植面积的不断扩大以及基础科研工作的不断推进，新的品种和高效的轻简化栽培技术不断发展，促进了毛豆的进一步发展。后期需要加强适宜机械化种植的毛豆新品种选育和高产配套栽培技术研究及推广应用。

由于时间仓促，编者水平有限，书中不妥之处，敬请读者不吝

赐教。本书在编写过程中，对于参考的一些文献资料，值此出版之际，谨对有关作者表示衷心的感谢！

编　者

2024 年 11 月

目 录

第一章 概 述 ……………………………………………… (1)
  第一节 毛豆的栽培历史与现状 ………………………… (1)
  第二节 毛豆的价值与发展前景 ………………………… (3)
    一、毛豆的营养价值 …………………………………… (3)
    二、毛豆产业化发展存在的问题 ……………………… (5)
    三、毛豆产业化发展对策 ……………………………… (7)
  第三节 毛豆的品种资源及研究 ………………………… (11)

第二章 毛豆生物学基础 …………………………………… (25)
  第一节 毛豆的植物学特征 ……………………………… (25)
    一、毛豆的根、茎和分枝 ……………………………… (25)
    二、毛豆的花、叶、豆荚和种子 ……………………… (29)
  第二节 毛豆的生长发育期 ……………………………… (32)
    一、毛豆的生育阶段 …………………………………… (32)
    二、器官形成与发育 …………………………………… (41)

第三章 毛豆高效栽培技术 ………………………………… (49)
  第一节 毛豆栽培技术 …………………………………… (49)

一、整地施肥 …………………………………………… (49)
二、克服连作障碍 ……………………………………… (52)

第二节 毛豆主要病虫害防治技术 ………………………… (55)
一、主要病害及其防治 ………………………………… (55)
二、主要虫害及其防治 ………………………………… (74)

第三节 毛豆栽培模式 ……………………………………… (110)
一、玉米—毛豆带状复合种植模式 …………………… (110)
二、毛豆设施栽培模式 ………………………………… (115)
三、毛豆套作模式 ……………………………………… (124)
四、毛豆轮作模式 ……………………………………… (138)

第四章 毛豆育种与良种繁育技术 …………………………… (161)

第一节 毛豆育种 …………………………………………… (161)
一、毛豆的育种方法 …………………………………… (161)
二、毛豆的选育 ………………………………………… (164)

第二节 良种繁育与种子生产 ……………………………… (166)
一、良种繁育 …………………………………………… (166)
二、种子生产 …………………………………………… (169)
三、种子加工 …………………………………………… (170)
四、种子储藏 …………………………………………… (173)

第五章 毛豆的食用与加工 …………………………………… (177)

一、香糟毛豆 …………………………………………… (178)
二、毛豆休闲产品 ……………………………………… (179)

三、毛豆速冻加工…………………………………………（180）
四、毛豆罐头………………………………………………（181）
主要参考文献………………………………………………（184）
附录……………………………………………………………（186）
  附录一 鲜食大豆轻简化栽培技术规程（DB42/T 1842—
       2022）………………………………………………（186）
  附录二 毛豆秋繁制种栽培技术规程（DB4211/T 14—
       2022）………………………………………………（193）

第一章 概 述

第一节 毛豆的栽培历史与现状

毛豆即鲜食大豆，也称为菜用大豆，是指在荚色和籽粒颜色青绿、豆荚鼓粒饱满时采收的专用型大豆品种。文献记载，西周至春秋战国乃至秦汉时期"民之所食，大抵豆饭藿羹"。公元12世纪南宋陆游诗中记载了"村店堆盘豆荚肥"，已将青毛豆作蔬菜用。"毛豆"一词最早出现在明代周文华撰写的《汝南圃史》中："毛豆具青壳有毛，又名青豆……"叙述了毛豆应该煮熟吃。古时毛豆在成熟成为黄豆即大豆后，把大豆当作主食，也是常见的蔬菜，主要通过熬煮的方法，后来渐渐发明了豆腐、豆豉、豆酱等加工方法。

中国是最大的毛豆生产和出口国，主产区在长江流域和东南沿海地区。毛豆因生长期短、易栽培、产值较高等特点，种植面积正逐年扩大，成为东南沿海一带的重要出口产品。随着农业种植业结构优化调整，长江流域成为我国传统毛豆的生产区域，包括江苏、浙江、安徽、江西、湖南、湖北等省份。毛豆传统品种以九月寒、六月爆等为主。武汉周边地区属春毛豆种植适宜区，其常年种植面积已超过2万 hm^2。随着早春毛豆种植效益的提升和城市周边对毛豆需求量的增加，毛豆种植面积有扩大趋势。随着毛豆种植面积的不断扩大，毛豆的基础科研育种工作也在不断推进，近几年，仅湖北省就育成了中鲜豆1号、冈鲜豆1号、冈鲜豆2号等抗病性强、适应性广、口感好、产量高的毛豆新品种。毛豆富含蛋白质、脂肪、矿物质和各种维生素，在青荚期食用具有独特风味而受到我国人民的普遍喜爱，城乡居民毛豆消费迅速上升，已从南方扩展到北方。

在国外，毛豆在美国、日本、韩国、泰国等地普遍种植，也颇受消费者的欢迎。泰国毛豆消费量在1~2t。印度尼西亚约有2 000t出口到日本。韩国、越南、印度、加拿大等国也开始发展毛豆生产。中国对日本出口速冻毛豆约40 000t，另有4 500t销往美国、欧洲各国和澳大利亚。日本是最大的毛豆进口国。日本毛豆的年消费量约14万t，而年产在7.8万t左右，日本自产的毛豆大部分不经速冻直接上市，速冻毛豆依赖进口，其进口量约7.5万t，占世界速冻毛豆贸易量的87.7%，进口来源地有中国（仅包括台湾）及泰国等。随着人们对毛豆保健功能意识的不断增强，毛豆不仅在日本和东南亚等早有食用毛豆习惯的国家持续畅销，在美国和世界其他地区也越来越受到消费者的青睐，需求量逐年增加。但美国自产毛豆数量尚远不能满足本国需要，进口毛豆仍达其消费量的70%以

上。近十年来，泰国、菲律宾及印度尼西亚也正致力于发掘毛豆出口及国内市场的潜力。

目前，中国有毛豆加工厂46家，其中16家分属10家台商企业。日本速冻毛豆市场正以7%左右的速度增长，进口量可达10万余吨。随着日本毛豆进口需求的增加，中国台湾毛豆种植面积和加工量逐年增加，成为东南亚最大的菜用大豆生产加工基地。中国台湾有菜用大豆加工厂27家，出口量达日本速冻毛豆进口量的94%。随岛内劳动力价格的不断上涨（可达生产成本的50%），中国台湾的毛豆生产和加工业逐渐向中国大陆东南沿海地区和泰国等地转移。

第二节　毛豆的价值与发展前景

一、毛豆的营养价值

早在5 000年前，毛豆就已经作为一种野生药用植物使用，据史料记载，毛豆有医疗保健的功效。现在，毛豆是一种颇受消费市场欢迎的蔬菜，其肉质脆嫩、风味清香，可加工制罐、速冻，也可炒食和凉拌。毛豆豆荚上均匀密布的细毛可以帮助毛豆抵御病虫害，因此毛豆在种植过程中较少使用农药，农药残留含量相对较低，是一种安全健康的蔬菜。

毛豆营养价值丰富，富含蛋白质、不饱和脂肪酸、膳食纤维及人体所需的各类矿物质、维生素和氨基酸。

（1）毛豆籽粒蛋白的氨基酸组成与粮用大豆相似，其粗蛋白的平均含量为39.93%，亮氨酸、谷氨酸和天冬氨酸的含量较高，还含有禾谷类作物普遍缺乏的赖氨酸，氨基酸的组成平衡状况较好，属于优质蛋白。

（2）毛豆中的脂肪含量高于其他种类的蔬菜，多以不饱和脂肪酸为主，如人体必需的亚油酸和亚麻酸，它们可以改善脂肪代谢，降低人体中甘油三酯和胆固醇含量。

（3）毛豆中的卵磷脂是大脑发育不可缺少的营养之一，可以改善大脑记忆力和智力水平。

（4）毛豆含有丰富的膳食纤维，可以改善便秘，降低血压和胆固醇。

（5）毛豆富含钾，充足的钾摄入对于由高钠引起的高血压降压效果显著。

（6）毛豆中的铁易吸收，可以作为儿童补充铁的食物之一。毛豆中含有微量功能性成分黄酮类化合物，特别是大豆异黄酮，被称为天然植物雌激素，同时防治骨质疏松。

（7）毛豆含有能清除血管壁上脂肪的化合物，起到降血脂和降低血液中胆固醇的作用。

毛豆营养丰富均衡，含有有益的活性成分，经常食用，对女性保持苗条身材作用显著，对肥胖、高血脂、动脉粥样硬化、冠心病等疾病有预防和辅助治疗的作用。

二、毛豆产业化发展存在的问题

一是缺乏优良毛豆品种。长江中下游地区有中国农业科学院油料作物研究所、湖北省农业科学院、黄冈市农业科学院等一批大豆育种单位，毛豆已有一些新的品种。在省级区试开展之前，推广的品种多来自东北地区，种子质量参差有别，品质良莠不齐，销售包装随意，品种名称不规范。种子市场销售的毛豆品种多、乱、杂，且大多数品种未经审定，推广风险较高。有的地方农民选择籽粒兼用的品种，根据价格情况决定是鲜食还是收籽粒，虽然增加了经济收入，但影响了毛豆的美誉度。相关部门组织开展了鲜食春大豆品种区试，科学、公正、及时地审定适合种植的毛豆品种，引导市场主推的品种参加试验，规范了品种的试验、审定、推广工作，筛选和审定了一批适合种植的高产、优质、抗病的毛豆品种，但推荐的品种大部分仍是东北、上海等地选育的品种，自己选育并通过审定的品种不多。

二是机械化程度不高。目前，毛豆种植主要以农户散种及专业蔬菜大户个体种植为主，未形成专业化合作社，种植面积小且分散，无法使用大型机械，部分地区耕整地以小型旋耕机械为主，采摘也主要是人工。同时，现有的毛豆收获机普遍存在作业效率低、含杂率及破损率高、适应能力差等问题，市场上缺乏成熟的机型，所以目前毛豆种植全程机械化程度不高，导致毛豆的生产成本不断提高。毛豆人工采摘成本约占其售价的1/3，且呈逐年上升态势，采用机械化收获代替手工采摘十分必要，若能实现全程机械化，则每公顷可节省人工费用约4 500元，增产150kg以上。

三是高产高效栽培技术体系尚未形成。主要原因如下：①种植户大多数对毛豆的生长特点和田间管理技术掌握不足，套用普通大豆栽培技术和管理措施进行毛豆种植；②从事毛豆栽培的研究人员不足，对毛豆密度控制、籽粒萌发、结荚特性、采摘时期及鲜荚或鲜籽粒保鲜等技术研究不够，导致种植户种植毛豆时，产生单株结荚率低、产量不高、可食性下降、商品性差等问题；③高产高效配套栽培技术缺乏，造成了种植面积及规模无法良性发展；④农业技术推广服务体系不健全，对基层农技推广人员、农民专业种植合作社及种植大户技术培训不到位，导致毛豆生产科技推广力度不大。

四是毛豆加工工艺缺乏。毛豆豆荚鲜嫩，不耐储存，室温下4~5h，就开始出现发黄和长霉现象，低于8℃条件下易发生冷害，出现褐斑及锈斑，严重影响毛豆的品质。这种特性决定了其既无法室温储存，也无法在一般冷库中长期储存，严重缩短了毛豆的销售周期，制约了该产业的发展。尤其是在毛豆大量上市的季节，如果销售流通环节不畅通，其价格无法得到有效保护，易造成"豆贱伤农"的情况，使种植农户蒙受损失。武汉市农业科学院科研人员通过应用固体保鲜剂结合包装材料和冷藏技术，摸索出一套毛豆的储藏保鲜新技术，该技术可以有效延长毛豆的储藏时间。

三、毛豆产业化发展对策

(一) 加强产业化发展

1. 加强政策支撑与扶持

目前对毛豆产业重视不够,科研经费投入严重不足,致使省内科研机构和相关企业无法投入力量用于毛豆产业化,影响了毛豆产业的健康发展。可以由主管部门牵头,成立毛豆产业发展领导小组,以相关处室和中国农业科学院油料作物研究所及其他农业科研院所相关研究单位为成员,加强组织领导。领导小组主要研究产业发展重大政策、统筹推进相关重点工作。具体内容如下:一是制定并实施毛豆种植补贴政策,充分调动农民种植毛豆的积极性。二是实行对毛豆耕种收等环节农机具购置补贴,鼓励生产者实施生产毛豆全程机械化,提升生产科技水平,降低生产成本,提高经济效益。三是打造一批有特色的"一村一品"示范村。将种植基础较好、种植面积较大的村镇建成旱涝保收的毛豆生产基地,以产业振兴助推乡村振兴。四是发展订单生产增加效益,支持毛豆经营企业做大做强,解决种植者生产销售难题。组织生产者同大型商超、餐饮企业、集贸市场、经营企业等签订生产订单,尽量规避市场风险。同时协助种植者、经营者走出国门,大力开发国外市场。五是推动实施良种选育的奖励政策,调动科研育种的积极性。六是建立健全省、市、县、镇、村农业技术推广服务体系,创新农业科技特派员制度,加强对基层农技推广人员、农民专业合作社和种植大户的技术培训，加大毛豆生产科技推广力度。

2. 加强适宜机械化种植的新品种选育

选择口感香甜柔糯、标准 2 粒荚、荚宽 1.3cm 以上、荚长 5.0cm 以上、每千克 2 粒以上豆荚不多于 360 个，或者每千克 2 粒以上豆荚不多于 400 个、产量比同类对照增产 3%以上的品种。中国大豆种质资源丰富，在国家基因库中现保存有 2.3 万多份栽培品种、1 万多份野生大豆资源，占世界大豆种质资源的 80%以上，研究者可充分利用这些资源，集中研究力量联合攻关，选育出高产、优质、多抗、宜机械化采收的毛豆新品种；开展抗裂荚毛豆培育，推进种子繁殖技术研发。同时，继续引进省内外适应本省种植的毛豆新品种。

3. 加强高产配套栽培技术研究及推广应用

根据毛豆品种特点，应选择黏性沙壤土、沙壤土和钙质土，以土层深厚、排水良好、土壤呈中性或微酸性为好，其中土壤有机质含量应在 4%以上、pH 值 6~7、土壤含水量 75%时较适宜，此种条件有利于毛豆根系的生长发育。选择符合此种条件的地区开展毛豆绿色高产高效技术模式研究及示范。同时，注重研究轮作和套作模式。在适宜的地区推行粮豆轮作模式和套作模式，在不增加种植面积的前提下增加毛豆产量，提高经济效益。

目前，毛豆病虫害主要有灰斑病、根腐病、蚜虫、食心虫等。根腐病的防治主要以种子处理为主，选用含有适乐时的种衣剂进行拌种，同时注意耕作制度的调整，合理轮作或间作；大豆食心虫的

防治可以喷施苏云金芽孢杆菌或氯氟氰菊酯等高效低毒药剂进行防治。对于病虫害防治，贯彻"预防为主，综合防治"的方针，通过推广应用生态调控、生物防治、物理防治、科学用药等绿色防控技术，降低病虫害暴发概率，实现病虫害可持续控制，有助于保护农业生态环境。

加大农业科技推广力度，鼓励农业科技人员与龙头企业、家庭农场及农民专业合作组织开展技术合作，共同推进毛豆绿色高产高效生产技术推广应用，助力乡村振兴。

4. 加强机械化采收设备和技术研究

早在20世纪50年代，发达国家就开始了对毛豆机械化农机装备的研究与制造，其中以美国、日本、法国等国家具有代表性。中国毛豆收获机械的研究起步较晚，目前主要采取两种收获方式：一种是分段收获，即人工先将毛豆整株起收，再利用豆荚脱离机进行脱荚处理；另一种是田间联合作业。南通市农机化技术中心、海门市万科保田机械制造有限公司及江苏省农业机械技术推广站等单位联合研发的大豆联合收获机，为中国首台通过鉴定的大豆收获机型，该机械每小时可采摘 0.067hm^2 以上，是人工采摘的70倍左右，2015年通过了江苏省农业机械试验鉴定站鉴定。2016年河北雷肯农业机械有限公司研发的4YZ-MD型自走式大豆收获机，每小时可收获 0.400~0.667hm^2 大豆，作业效率是人工采摘的数百倍。但这些大豆收获机比较适合土地平坦地区，并且价格昂贵，不能全面适应种植户需求。要研发适应丘陵小地块、价格低廉、可靠性高

的自走式毛豆联合收获机。

5. 完善毛豆深加工产业链

加强对加工储运保鲜技术的研究，提高对鲜荚的加工储运保鲜技术水平，扶持毛豆深加工企业，建立毛豆深加工基地，从而满足居民的消费需要及为出口创汇创造有利条件。

（二）实现差异化发展

目前，在国产毛豆比较效益下降、市场需求稳步增加、出口规模大、国内毛豆产业发展外部环境压力大的背景下，为发展好我国长江流域中下游地区毛豆产业，还需抓住国内农业结构调整、创新产业发展驱动的机遇，通过科技创新提高长江流域毛豆生产能力，充分挖掘该区域毛豆的优势，利用好国家"保障国内毛豆食用加工供给自足"的政策优势，实现长江中下游地区毛豆与东北、江浙地区和云南、海南反季节毛豆的差异化发展。

1. 加强科研力量和专项资金投入

设置专项发展资金、种质资源创新资金，联合毛豆科研单位或其他相邻省份科研单位，在筹建华中毛豆产业技术联盟的基础上，通过项目支持和多点持续鉴定，选育一批高产优质、抗病、抗逆、早熟和适应性广的毛豆品种。

2. 提高科技支撑和服务力度

通过科技支撑，强化毛豆良种的示范推广，提高统一供种率、良种覆盖率和品种优质率。因地制宜地应用各种栽培技术，如"垄三"栽培法、等距穴播法、窄行平作栽培法等，推广精量播种、覆

膜、少免耕、秋深松整地、秋施肥等技术，提高技术的到位率和普及率，提高毛豆单产水平。同时探索能够帮助农民增收、增效的毛豆种植新模式，如已在江汉平原推广较好的豆—菜—菜模式。

3. 培育规模大、竞争力强的企业，提高毛豆加工的核心竞争力

目前湖北省毛豆产量常出现供过于求的局面，所以可在政策、资金许可的情况下通过金融手段，以收购、兼并、租赁、控股和承包等方式，组建有规模、有实力的企业集团，借助国家科技计划等项目和科研平台支持，加大对毛豆加工关键技术的攻关力度，利用国家现代农业示范园区、农业产业化示范基地的优势条件，引导毛豆加工企业向园区聚集，发挥产业集群效应，提高和扩大毛豆出口份额。

4. 实施差异化战略，打造毛豆产品品牌

目前毛豆市场供过于求，商品口感差，销售渠道单一且传统，未形成特色，更缺乏产品品牌。因此，在发展优质毛豆产品的同时，在差异化战略基础上打造毛豆产品品牌，引导产品走向更高经营理念、更丰富文化内涵，实施农业品牌发展目标，建立技术含量高、市场容量大、高附加值、低能耗的毛豆品牌，提高毛豆产业整体效益。

第三节　毛豆的品种资源及研究

1. 冈鲜豆 1 号

该品种由黄冈市农业科学院选育。2019—2020 年参加湖北省鲜

食春大豆品种区域试验，两年区试平均亩（1亩≈667m²）产876.66kg，比对照品种沪鲜6号增产8.39%。其中，2019年平均亩产922.26kg，比沪鲜6号增产5.12%；2020年平均亩产831.05kg，比沪鲜6号增产12.27%。

该品种标准2粒荚荚长6.0cm，荚宽1.4cm，每500g标准荚数180个，口感香甜柔糯（A级）。

该品种株高47.4cm，主茎节数8.6个，分枝数2.6个，单株荚数26.4个，单株鲜荚重57.5g，百粒鲜重58.7g，出仁率47.3%。从出苗至鲜荚采收82.0d。经病害鉴定：中抗大豆花叶病毒病3号株系，中感大豆花叶病毒病7号株系，感大豆炭疽病。2021年通过湖北省农作物品种审定委员会审定，适于在湖北省毛豆种植区域春播种植。

2. 冈鲜豆2号

该品种由黄冈市农业科学院选育。2020—2021年参加湖北省鲜食春大豆品种区域试验，两年平均亩产为862.77kg，两年比对照品种平均增产10.33%。

该品种口感清香，甜味浓，入口柔软，糯性中等，风味较好；综合评价为香甜柔糯型（A级）。

该品种椭圆叶、白花、灰毛，株型收敛，亚有限结荚习性，平均生长期为86.1d，株高40.5cm，主茎节数9.3个，有效分枝数3.5个，单株有效荚数23.2个，标准2粒荚荚长×荚宽为5.1cm×1.4cm，2粒及2粒以上荚率60.4%，单株鲜荚重50.4g，茸毛灰

色,密度、长度中等,鲜荚绿色,荚形为弯镰形,百粒鲜重53.7g,出仁率48.6%。该品种虫蚀及病害荚率低。田间表现不倒伏,抗逆性强,对大豆花叶病毒流行株系SC3、SC7,分别表现为高抗和抗。2022年通过湖北省农作物品种审定委员会审定,适于在湖北省毛豆种植区域春播种植。

3. 冈鲜豆3号

该品种由黄冈市农业科学院选育。2021—2022年参加湖北省毛豆品种区域试验,两年平均亩产为855.50kg,比对照品种沪鲜6号增产9.21%,平均增产点率为73.3%。

该品种口感清香,甜味浓,入口柔软,糯性中等,风味较好;综合评价为香甜柔糯型(A级)。

该品种椭圆叶,白花,灰毛,株型收敛,有限结荚习性。种皮、子叶黄色,种脐无色,圆粒。株高44.1cm,主茎节数8.5个,有效分枝数2.4个,单株有效荚数22.6个,2粒及2粒以上荚率59.8%,单株鲜荚重59.2g,标准荚率为80.2%,虫蚀及病害荚率低,其他荚率14.6%,田间表现各试点倒伏较轻或不倒伏。2024年通过湖北省农作物品种审定委员会审定,适于在湖北省毛豆种植区域春播种植。

4. 冈鲜豆4号

该品种由黄冈市农业科学院选育。在2022年试验中,7个试点平均亩产为912.30kg,比对照品种沪鲜6号增产22.77%,增产达极显著水平,居参试品种第4位,增产点率为85.7%。在2023年

试验中，9个试点平均亩产为949.24kg，比对照品种交大11号增产27.66%，增产达极显著水平，居参试品种第1位，增产点率为88.9%。两年平均亩产为930.77kg，两年比对照品种平均增产25.21%，平均增产点率为87.5%。

该品种口感清香，甜味浓，微软或脆，糯性中等，风味好；综合评价为香甜柔糯型（A级）。标准2粒荚荚长×荚宽为5.5cm×1.4cm，每500g标准荚数为155个，茸毛灰色，密度、长度中等，鲜荚绿色，荚形为弯镰形，百粒鲜重62.1g，出仁率50.3%。口感和商品外观品质综合评价为Ⅱ级。

该品种两年平均生长期（从出苗当日至采收时的天数）为85.7d，比对照品种两年对照（79.0d）晚6.7d。株高52.3cm，主茎节数10.1个，有效分枝数3.5个，单株有效荚数31.3个，2粒及2粒以上荚率70.7%，单株鲜荚重74.8g，标准荚率为78.3%，虫蚀及病害荚率低，其他荚率15.3%。椭圆叶、紫花、灰毛，株型收敛，有限结荚习性。种皮、子叶黄色，种脐淡褐色，椭圆粒。田间表现各试点倒伏较轻或不倒伏，除鄂州点感病较重外，其他试点感大豆花叶病毒病（SMV）较轻或未发病。经两年人工接种大豆花叶病毒流行株系SC3和SC7鉴定品种抗性结果：2022年和2023年对两个株系均表现为抗病。经两年人工接种大豆炭疽病菌鉴定品种抗性结果：2022年对所接炭疽病菌表现中抗；2023年对所接炭疽病菌表现中感。

该品种在试验中表现丰产性、稳产性好，抗病性较好，口感香

甜柔糯，商品外观品质优，荚大粒多，植株综合性状优，分枝多，抗逆性好，生育期偏长。2024年通过湖北省农作物品种审定委员会审定，适于在湖北省毛豆种植区域春播种植。

5. 冈鲜豆5号

该品种由黄冈市农业科学院选育。在2022年试验中，7个试点平均亩产为833.09kg，比对照品种沪鲜6号增产12.11%，增产达极显著水平，居参试品种第7位，增产点率为71.4%。在2023年试验中，9个试点平均亩产为774.00kg，比对照品种交大11号增产4.09%，增产达显著水平，居参试品种第10位，增产点率为44.4%。两年平均亩产为803.55kg，两年比对照品种平均增产8.10%，平均增产点率为56.2%。

该品种口感清香，甜味浓，微软或脆，糯性中等，风味好；综合评价为香甜柔糯型（A级）。标准2粒荚荚长×荚宽为5.1cm×1.3cm，每500g标准荚数为198个，茸毛灰色，密度、长度中等，鲜荚绿色，荚形为弯镰形，百粒鲜重57.9g，出仁率52.4%。口感和商品外观品质综合评价为Ⅱ级。

该品种两年平均生长期（从出苗当日至采收时的天数）为85.3d，两年比对照品种（79.0d）平均晚6.3d。株高52.3cm，主茎节数9.1个，有效分枝数3.0个，单株有效荚数24.3个，2粒及2粒以上荚率62.1%，单株鲜荚重57.1g，标准荚率为78.0%，虫蚀及病害荚率低，其他荚率15.7%。椭圆叶，紫花、灰毛，株型收敛，有限结荚习性。种皮、子叶黄色，种脐无色，圆粒。田间表现

除江夏点中度倒伏外，其他试点未倒伏，除鄂州点感病较重外，其他试点感大豆花叶病毒病（SMV）较轻或未发病。经两年人工接种大豆花叶病毒流行株系 SC3 和 SC7 鉴定品种抗性结果：2022 年和 2023 年对两个株系均表现为抗病。经两年人工接种大豆炭疽病病菌鉴定品种抗性结果：2022 年对所接炭疽病菌表现中感；2023 年对所接炭疽病菌表现感病。

该品种在试验中表现丰产性较好，生育期偏长，口感和商品外观品质较好，抗病性好，植株综合性状优，分枝较多，抗逆性好。

6. 冈鲜豆 6 号

该品种由黄冈市农业科学院选育。在 2023 年区域试验中，9 个试点平均亩产为 793.92kg，比对照品种增产 6.77%，增产达极显著水平，居参试品种第 9 位，平均增产点率为 66.7%。

该品种口感清香，甜味浓，入口柔软，糯性好，风味好；综合评价为香甜柔糯型（A 级）。标准 2 粒荚荚长×荚宽为 5.7cm×1.3cm，每 500g 标准荚数为 157 个，茸毛灰色，稀少且短，鲜荚淡绿色，荚形为弯镰形，百粒鲜重 70.3g，出仁率 51.6%。口感和商品外观品质综合评价为Ⅲ级。

该品种平均生长期（从出苗当日至采收时的天数）为 78.0d，比对照品种 B14 晚 1.2d。株高 49.2cm，主茎节数 8.5 个，有效分枝数 2.4 个，单株有效荚数 17.2 个，2 粒及 2 粒以上荚率 72.1%，单株鲜荚重 49.3g，标准荚率为 72.9%，虫蚀及病害荚率低，其他荚率 18.0%。椭圆叶，白花、灰毛，株型收敛，有限结荚习性。种

皮淡绿色、子叶黄色，种脐浅褐色，圆粒。田间表现各试点倒伏较轻或不倒伏，除鄂州点感病较重外，其他试点感大豆花叶病毒病（SMV）较轻或未发病。

7. 中鲜豆1号

该品种由中国农业科学院油料作物研究所选育。2017—2018年参加湖北省鲜食春大豆品种区域试验，两年区域试验平均亩产856.07kg，比对照品种沪鲜6号增产6.88%。其中，2017年亩产848.37kg，比沪鲜6号增产6.22%；2018年亩产863.77kg，比沪鲜6号增产7.54%。

株型收敛，株高适中，有限结荚习性。叶椭圆形，花白色，茸毛灰色。鲜荚弯镰形、绿色。籽粒扁圆形，种皮黄色，子叶黄色，种脐黄色。区域试验株高44.1cm，主茎节数9.5个，分枝数3.6个，单株荚数23.9个，单株鲜荚重56.4g，百粒鲜重64.6g，出仁率50.8%。从出苗至鲜荚采收78.9d。感观品质鉴定：标准2粒荚荚长5.5cm，荚宽1.4cm，每500g标准荚数154个，属香甜柔糯型。病害鉴定：抗大豆花叶病毒病3号株系和7号株系。适于在湖北省毛豆种植区域春播种植。

8. 中鲜豆2号

该品种由中国农业科学院油料作物研究所选育。2018—2019年参加湖北省鲜食春大豆品种区域试验，两年区域试验平均亩产893.12kg，比对照品种沪鲜6号增产6.29%。其中，2018年亩产882.99kg，比沪鲜6号增产9.94%；2019年亩产903.25kg，比沪鲜

6号增产2.95%。

株型收敛，株高适中，有限结荚习性。叶椭圆形，花白色，茸毛灰色。鲜荚弯镰形、绿色。籽粒椭圆形，种皮黄色，子叶黄色，种脐淡褐色。区域试验株高55.5cm，主茎节数10.3个，分枝数2.6个，单株荚数31.5个，单株鲜荚重62.6g，百粒鲜重64.6g，出仁率48.9%。从出苗至鲜荚采收85.7d。感观品质鉴定：标准2粒荚荚长5.1cm，荚宽1.3cm，每500g标准荚数172个，属于香甜柔糯型。病害鉴定：中感大豆花叶病毒病3号株系和7号株系，中抗炭疽病。适于湖北省作鲜食春大豆种植。

9. 舒记503

该品种由辽宁骏晨种业有限公司选育。在2022年试验中，7个试点平均亩产为792.84kg，比对照品种沪鲜6号增产6.70%，增产达极显著水平，居参试品种第9位，增产点率为85.7%。在2023年试验中，9个试点平均亩产为838.29kg，比对照品种交大11号增产12.73%，增产达极显著水平，居参试品种第7位，增产点率为77.8%。两年平均亩产为815.57kg，两年比对照种平均增产9.72%，平均增产点率为81.2%。

该品种口感清香，甜味浓，微软或脆，糯性中等，风味好；综合评价为香甜柔糯型（A级）。标准2粒荚荚长×荚宽为5.2cm×1.3cm，每500g标准荚数为172个，茸毛灰色，密度、长度中等，鲜荚绿色，荚形为弯镰形，百粒鲜重67.1g，出仁率55.5%。口感和商品外观品质综合评价为Ⅱ级。该品种两年平均生长期（从出苗

第一章 概述

当日至采收时的天数）为84.6d，两年比对照品种平均（79.0d）晚5.6d。株高61.9cm，主茎节数10.6个，有效分枝数1.8个，单株有效荚数21.8个，2粒及2粒以上荚率66.7%，单株鲜荚重53.6g，标准荚率为78.4%，虫蚀及病害荚率低，其他荚率15.5%。椭圆叶、白花、灰毛，株型收敛，有限结荚习性。种皮淡绿色、子叶黄色，种脐无色，圆粒。田间表现各试点倒伏较轻或不倒伏，除鄂州、仙桃点外，其他试点感大豆花叶病毒病（SMV）较轻或未发病。经两年人工接种大豆花叶病流行株系SC3和SC7鉴定品种抗性结果：2022年对两个株系均表现为高抗；2023年对两个株系均表现为抗病。经两年人工接种大豆炭疽病病菌鉴定品种抗性结果：2022年对所接炭疽病菌表现中抗；2023年对所接炭疽病菌表现中感。

该品种在试验中表现丰产性、稳产性好，生育期稍长，口感和商品外观品质好，抗病性强，植株综合性状优，抗逆性好。

10. 奎鲜5号（K丰77-4）

该品种由铁岭市维奎大豆科学研究所和开原市雨农种业有限公司用"奎鲜3号"作母本，"昌源1号"作父本杂交，经系谱法选择育成的大豆品种。2013—2014年参加湖北省鲜食春大豆品种区域试验，两年区域试验平均亩产鲜荚884.49kg，比对照参试品种平均增产7.83%。其中，2013年亩产775.73kg，比参试品种增产7.77%；2014年亩产993.24kg，比参试品种增产7.88%。

株型收敛，株高中等，有限结荚习性。叶椭圆形、深绿色。花

白色。鲜荚微弯镰形、淡绿色，茸毛灰色。籽粒椭圆形，种皮淡绿色，子叶黄色，种脐褐色。区域试验株高34.7cm，主茎节数9.3个，分枝数3.4个，单株荚数24.4个，单株鲜荚重54.2g，百粒鲜重78.4g，出仁率55.6%。感观品质鉴定：标准2粒荚荚长5.2cm，荚宽1.4cm，每500g标准荚数190个，属香甜柔糯型。从播种至鲜荚采收82d。病害鉴定：中感花叶病毒病3号株系，中抗花叶病毒病7号株系。2015年通过湖北省农作物品种审定委员会审定，适于武汉、黄冈、孝感、仙桃等地作鲜食春大豆种植。

11. 奎鲜6号

该品种由铁岭市维奎大豆科学研究所和开原市雨农种业有限公司用"0163-1-1-1"作母本，"303"作父本杂交，经系谱法选择育成的大豆品种。2014—2015年参加湖北省鲜食春大豆品种区域试验，两年区域试验平均亩产880.50kg，比对照品种平均增产0.72%。其中，2014年亩产929.90kg，比对照品种增产1.00%；2015年亩产831.09kg，比对照品种增产0.41%。

株型收敛，植株较矮，有限结荚习性。叶椭圆形，花紫色。鲜荚弯镰形、绿色，茸毛灰色。籽粒扁圆形，种皮淡绿色，子叶黄色，种脐无色。区域试验株高34.2cm，主茎节数7.8个，分枝数3.2个，单株荚数23.8个，单株鲜荚重56.1g，百粒鲜重83.8g，出仁率58.6%。感观品质鉴定：标准2粒荚荚长5.4cm，荚宽1.3cm，每500g标准荚数175个，属香甜柔糯型。从出苗至鲜荚采收78d。病害鉴定：中抗大豆花叶病毒病3号株系，中抗大豆花叶

病毒病 7 号株系。2017 年通过湖北省农作物品种审定委员会审定，适于武汉、黄冈、孝感、仙桃等地作鲜食春大豆种植。

12. 开科源翠鸟（翠绿宝）

该品种由辽宁开原市农科种苗有限公司选育。2020 生产试验平均亩产鲜荚 741.80kg，比对照品种增产 7.80%；2021 年生产试验平均亩产鲜荚 757.10kg，比对照品种增产 10.20%。

品种为亚有限结荚习性，株型收敛，籽粒椭球形，种皮黄绿色，子叶黄色，浅褐色脐。主茎节数 10.0 个，有效分枝数 2.1 个，标准荚荚长×宽为 5.5cm×1.3cm。平均株高 38cm，叶尖卵形，白花，灰色茸毛，鲜荚深绿色，镰刀形，百荚鲜重 280g，百粒鲜重 81g，出苗到采收生育期 70.0d，毛豆早熟品种。

13. 开科源 12 号（绿宝石）

该品种由辽宁开原市农科种苗有限公司选育。单株鲜荚重 15.2g，每 500g 标准荚数 171.4 个，标准荚率 68.5%；标准 2 粒荚荚长 5.8cm，荚宽 1.2cm，百粒鲜重 72.3g；口感品质糯。株高 71cm 左右，叶片椭圆形，紫花，鲜荚茸毛灰白色，鲜荚绿色；有限结荚习性，株型紧凑，分枝数 2~3 个，主茎节数 10~11 节；单株有效荚数 19.2 个，多粒荚率 69.5%，种子种皮绿色，脐色淡褐，籽粒圆形；播种到成熟全生育期 89d，比对照"青酥 2 号"晚熟 4d。

14. 创鲜豆 10

该品种由辽宁开原市龙泉种子有限责任公司选育。2016—2017

年参加湖北省鲜食春大豆品种区域试验，两年区域试验平均亩产797.59kg，比对照品种沪鲜6号增产7.21%。其中，2016年亩产753.47kg，比沪鲜6号增产9.33%；2017年亩产841.70kg，比沪鲜6号增产5.38%。

株型收敛，株高较矮，有限结荚习性。叶椭圆形，花紫色，茸毛灰色。鲜荚弯镰形、绿色。籽粒圆形，种皮绿色，子叶黄色，种脐无色。区域试验中株高38.5cm，主茎节数8.4个，分枝数2.7个，单株荚数21.1个，单株鲜荚重46.7g，百粒鲜重72.5g，出仁率56.7%。从出苗至鲜荚采收78.8d。感观品质鉴定：标准2粒荚荚长5.4cm，荚宽1.3cm，每500g标准荚数161个，属香甜柔糯型。病害鉴定：中抗大豆花叶病毒病3号株系和7号株系。适于在湖北省作鲜食春大豆种植。种子生产适于在北方冷凉地区进行，本地不宜留种。

15. 鄂鲜1号

辽宁开原市毛豆研究所用"K新绿"作母本，"KF_1"作父本杂交，经系谱法选择育成的大豆品种。由武汉市农业技术推广中心引进。2017年通过湖北省农作物品种审定委员会审定，品种审定编号为鄂审豆2017004。2014—2015年参加湖北省鲜食春大豆品种区试，两年区域试验平均亩产884.52kg，比对照品种平均增产1.18%。其中，2014年亩产906.51kg，比对照减产1.54%；2015年亩产862.53kg，比对照增产4.21%。

株型收敛，株高中等，有限结荚习性。叶椭圆形，花紫色。鲜

荚弯镰形、绿色，茸毛灰色。籽粒椭圆形，种皮淡绿色，子叶黄色，种脐淡褐色。区域试验中株高58.4cm，主茎节数11.2个，分枝数2.2个，单株荚数22.5个，单株鲜荚重53.3g，百粒鲜重74.4g，出仁率60.9%。感观品质鉴定：标准2粒荚荚长5.2cm，荚宽1.3cm，每500g标准荚数173个，属香甜柔糯型。从出苗至鲜荚采收82d。病害鉴定：抗花叶病毒病3号株系，抗花叶病毒病7号株系。适于武汉、黄冈、孝感、仙桃等地作鲜食春大豆种植。

16. 春鲜6号

该品种由辽宁铁岭山江种业有限公司选育。在2022年试验中，7个试点平均亩产为955.51kg，比对照品种沪鲜6号增产28.59%，增产达极显著水平，居参试品种第1位，增产点率为100.0%。在2023年试验中，9个试点平均亩产为947.42kg，比对照品种交大11号增产27.41%，增产达极显著水平，居参试品种第2位，增产点率为100.0%。两年平均亩产为951.47kg，两年比对照品种平均增产28.00%，平均增产点率为100.0%。

该品种口感清香，甜味浓，微软或脆，糯性中等，风味好；综合评价为香甜柔糯型（A级）。标准2粒荚荚长×荚宽为5.1cm×1.3cm，每500g标准荚数为140个，茸毛灰色，密度、长度中等，鲜荚绿色，荚形为弯镰形，百粒鲜重70.8g，出仁率54.2%。口感和商品外观品质综合评价为Ⅱ级。该品种两年平均生长期（从出苗当日至采收时的天数）为83.4d，比两年对照（79.0d）平均晚4.4d。株高47.6cm，主茎节数9.0个，有效分枝数3.0个，单株有效荚数31.2个，2粒及2粒以上荚率77.4%，单株鲜荚重67.4g，标准荚率为79.8%，虫蚀及病害荚率低，其他荚率13.2%。椭圆叶、白花、灰毛、株型收敛，有限结荚习性。种皮、子叶黄色，种脐淡褐色，圆粒。田间表现各试点倒伏较轻或不倒伏，除鄂州点感病较重外，其他试点感大豆花叶病毒病（SMV）较轻或未发病。经两年人工接种大豆花叶病毒流行株系SC3和SC7鉴定品种抗性结果：2022年对两个株系均表现为高抗；2023年对两个株系均表现为抗病。经两年人工接种大豆炭疽病病菌鉴定品种抗性结果：2022年和2023年对所接炭疽病菌均表现感病。

该品种在试验中表现丰产性、稳产性好，生育期适宜，口感香甜柔糯，粒大粒多，多粒荚率高，商品外观品质好，抗病性强，植株综合性状优，分枝较多，抗逆性好。

第二章　毛豆生物学基础

第一节　毛豆的植物学特征

一、毛豆的根、茎和分枝

1. 根和根瘤

毛豆的根为圆锥根系，由主根和侧根组成。毛豆根系发达，近地面 7~8cm 处主根较粗，侧根水平伸展 40~50cm 后入土深 1m 左右，好气性强，适宜在土壤肥沃、活土层深厚、有机质含量高的沙质土壤中栽培。侧根先略水平地向四周辐射状平展，以后急转向下生长。从主茎分出的次侧根上，又可分出二次侧根，从二次侧根上还可分出三次侧根，越往下生长，侧根越多。主根和侧根都能着生根瘤，但主要集中在 20cm 以内的耕作层。大豆发芽后，胚根伸长即形成主根，经 3~7d，侧根开始出现。在幼苗期，根的伸长速度较快，特别是从出苗到第一片复叶的出现，根系的生长发育是大豆植株生长的主要中心。发芽后 1 个月，一次侧根的数目已达到最

多,主根深度一般可达45~60cm,侧根的横向伸长可达20~25cm。1个月以后,根系的进一步发达主要是依靠二次以下的侧根生长。从开花末期到荚伸长期是根系最发达的时期,此后才开始逐渐衰退减弱。毛豆根系的生长受品种及环境条件的影响较大,一般迟熟品种植株较高大,根系也较发达。土壤水分适宜、疏松通气有利于根系的生长;磷素充足,根的数量和干重明显增加;苗期多氮,则对根系的发育有抑制作用。

毛豆的根瘤是大豆根瘤菌侵入根部后,皮层部细胞受到根瘤菌增殖的刺激而加速分裂所形成的,根瘤内含有许多根瘤菌。大豆根瘤菌要依赖毛豆来供给养分,但又能把空气中毛豆不能直接摄取的游离氮固定为氨,再进一步转化为 α-氨基化合物供给毛豆利用。所以,毛豆和大豆根瘤菌是互相依赖的共生体。一般来说,发育良好、形状较大、呈粉红色的根瘤,其根瘤菌的固氮作用较强;如根呈绿白色,则固氮作用较弱。毛豆的根瘤一般在出苗后1周左右就可形成,但初时体积小、数量少,固氮能力也较弱。以后随着植株生长,根瘤数目不断增加,固氮能力也不断增强。从开花到籽粒形成初期是根瘤固氮最活跃的时期。据测定,这个时期的固氮量占根瘤一生全部固氮量的80%~90%。此后,由于豆粒发育,植株养分多流向荚实,根瘤菌得不到地上部养分的充足供应,固氮作用迅速下降,根瘤逐渐衰败。pH值为4.8~8.8,大豆根瘤菌可保持活力;pH值为3.9~4.8,根瘤的形成和根瘤菌的活动受到抑制;pH值低于3.9,根瘤菌就不能存活。此外,适宜的土壤温度(20~24℃)、

适宜的土壤水分（含水量60%~80%）、良好的通气性、充足的磷素营养等条件，均有利于根瘤菌的发育和固氮能力的提高。

2. 茎和分枝

毛豆的茎由主茎和分枝组成。茎直立或半直立，圆形而有不规则棱角，上有灰白色至黄褐色茸毛，嫩茎绿色或紫色，开白花或紫花。老茎灰黄色或棕褐色。叶腋抽出分枝或不分枝。主茎的节数因品种而不同，生育期长的品种，主茎节数较多，生育期短的则较少。主茎节数与产量有一定关系，主茎节数多的，一般产量较高。主茎的伸长，开始时较慢；当第三片复叶展开时开始加快，到开花以后生长最快；当所有茎节都出现豆荚时，茎的伸长停止。

毛豆的结荚习性是大豆的综合生长性状，与分枝性、株高、生长势态、繁茂程度及粒茎比有密切关系，而这些性状又与生态环境条件密切相关。根据毛豆茎的伸长与开花结荚的关系，可将毛豆分为有限结荚习性、无限结荚习性和亚有限结荚习性3种类型。

（1）有限结荚习性。直立性较好，茎秆坚韧，植株较矮，株高一般在30~100cm，当肥水条件好时，生长粗壮，不易倒伏，产量较高。开花以后不久，其顶端生长点就转化成顶花序，限制了茎的继续生长。这种类型一般是植株中上部先开花，而后逐渐向下、向上开花，花荚集中，花期较短，开花以后的营养生长量比较少，开花与营养生长同时并进的时间较短。顶部叶片大，冠层封闭较严，结荚和成熟较一致。

（2）无限结荚习性。主茎和分枝的顶芽一般不形成顶花序，其顶端生长点在适宜条件下，能较长时间地保持伸长能力，在结荚期间仍继续生长，营养生长和生殖生长重叠的时间长。这种类型通常是植株下部先开花，而后由下而上不断开放，花荚分散，花期长，开花后的营养生长量较大，结荚分散，成熟不一致，植株高，节数多，多属丛生或蔓生，在干旱、缺肥的条件下，仍有一定的产量。一般茎秆从下而上由粗变细，叶片越往上越小。

(3) 亚有限结荚习性。植株性状和特性则介于上述两者之间，形成顶花序的时间迟。除主茎和分枝顶端有较多的花和荚之外，其他性状更接近于无限结荚习性。

有限结荚习性品种，一般不易徒长，对肥水条件要求较高，但耐贫瘠能力较弱；无限结荚习性品种，在高肥条件下容易徒长，但比较耐旱耐贫瘠，抗逆力较强，在迟播情况下，表现比较稳产。因此，在早播、肥水条件好的情况下，要选用有限结荚习性品种；反之，则选用无限结荚习性品种。间作套种用的品种也以有限结荚习性品种为好。

毛豆主茎每个节都有腋芽，腋芽都有可能发育成分枝或花序。一般主茎下部的腋芽大都发展成分枝，上中部的腋芽多发育成花序，最下部的子叶节和单叶节也能发生对生的分枝，但一般发生率较低，并且比较瘦弱。只有主茎第一复叶以上发生的分枝，发育才比较良好。分枝由下而上按次序发生，通常当主茎长到第五片复叶时，在第一复叶节上发生分枝，即第五片叶与第一分枝的出现期相一致。以后第六片叶与第二分枝，第 n 片叶与第 $n-4$ 分枝的出现期

相一致。分枝的多少与品种及播种期有关,浙江春大豆和秋大豆一般有2~5个分枝(具有2个节以上),且都为一次分枝。夏大豆生育期长,分枝数多,有时也有二次分枝结荚的情况出现。根据分枝与主茎所构成的角度以及分枝的大小,分成不同的类型:①收敛型:分枝较长,与主茎构成角小,分枝向上生长,收敛呈筒状;②展开型:分枝较长,分枝与主茎构成角度大,张开呈扇状;③中间型:分枝张开角度介于上述两者之间。上述分枝类型以收敛型较适于密植,展开型则不适于密植。

毛豆分枝的多少与外界环境条件及顶端优势也有关系。摘心可明显促进分枝的生长,但促进程度因摘心时间而异,早摘的对分枝促进大,迟摘的对分枝促进小,但对减少花荚脱落有一定作用。

二、毛豆的花、叶、豆荚和种子

1. 花

毛豆花的分化始于开花前20~30d,自花蕾出现到开放一般为3~7d。毛豆花为蝶形花,短总状花序,腋生或顶生,花小,白色或紫色。花冠由1枚旗瓣、2枚翼瓣、2枚舟瓣组成,雄蕊10个,其中9个连在一起,雌蕊1个,柱头球状,子房由一心皮组成,内含胚珠1~4个,着生在腹缝线上。毛豆的花期为10~30d,开花后4~5d进入盛花期,10~15d大多数花已开放。毛豆是自花授粉作物,自然异交率不超过1%,花序着生8~10朵花,花期1~2d,一般在花朵开放以前已完成自交授粉,花粉发芽后15~20min,花冠

才开放,每花序结荚3~5个,每荚结籽2~4粒。毛豆的雌蕊比雄蕊早成熟1d左右,所以,在进行毛豆杂交育种时,如果在花朵开放的前1d进行,就可以省去去雄手段。毛豆花粉生活力到开花后3d降到10%以下。

2. 叶

毛豆是子叶出土的作物,子叶出土后遇光即变成绿色并水平展开。绿色的子叶不但以其储藏的养分供给幼苗生长,而且还能进行光合作用。出土后大约2周内,子叶中的叶绿素不断增加,光合能力也不断增强。随着幼苗生长,子叶之上又长出1对初生的单叶,互生,呈卵圆形,为胚芽的原始叶,是毛豆生育初期重要的光合器官。单叶以上所出的叶片均为具有3片小叶的复叶,互生,有长叶柄。小叶有近圆形、卵圆形、椭圆形、披针形等,因品种而异。叶柄基部有三角形托叶1对。叶面有茸毛或无。一般叶片呈细长形状的,叶绿素a和叶绿素b的比值较低,光补偿点较低,耐阴性较强,适合与其他作物间套作。毛豆单株各叶的面积,以主茎中上部的叶最大,顶部叶其次,下部叶较小。叶片展开到脱落的时间,中部叶较短,下部叶其次,上部叶最长。有限结荚习性品种上部和顶部叶的面积比无限结荚习性品种显著大。而开花以后的出叶数,有限结荚习性品种比无限结荚习性品种要少。从单位面积上的叶面积发展看,初期增长很缓慢,进入花芽分化期以后,叶面积迅速扩大,开花结束至鼓粒阶段,达到最大叶面积指数,此后逐渐下降,并在接近生理成熟以后,残存在植株上的叶片逐渐转黄,最后在叶

枕处产生离层脱落。

毛豆叶片的光合强度，从下部叶到上部叶依次增加，其保持高光合强度的时间，也由下而上逐渐增加。毛豆叶片的光合强度在整个生育过程中出现2个高峰：一是在开花初期；二是在鼓粒盛期，这与毛豆在该时期需要较多的光合产物相吻合。

3. 豆荚和种子

毛豆授精后，子房就开始膨大伸长而逐渐形成幼荚。荚的生长一般是先增加长度，再增加宽度。开花后15~20d，荚的长度达到最大；开花后25~30d，达到最大宽度。荚的外侧表皮下两层同化组织含有叶绿素，在开花后的40d内，尚有进行同化作用的能力。毛豆的种子由受精的胚珠发育而成，其生长过程一般是宽度的增加早于长度的增加。

大豆是从百粒重小于2g的野生大豆经人们的定向选择逐渐积累变异而演化来的。栽培大豆按种子百粒重，可分为大粒型（20g以上）、中粒型（12~19.9g）和小粒型（小于12g）。毛豆由于其商品性的需要，一般要求大粒型品种，干籽百粒重要求在25g以上。

籽粒较大的品种，在自然条件优越、土壤肥沃、水分供应较充分的地块则生长较好，而籽粒较小的毛豆品种较能适应不良的环境条件。因而在生产上，毛豆与普通大豆相比，较易受环境的影响，对肥水条件要求高，要求相对良好的生长环境，毛豆尤其是特大粒品种，在种植过程中会产生一些环境胁迫问题，如结荚少、荚不饱

满、落花落荚甚至不结荚等，造成生产上的损失。

荚果矩形扁平，嫩荚绿色，成熟时黄色、褐色或深褐色。荚果表面密布茸毛，毛色黄褐色或灰白色（俗称白毛），毛豆品种以白毛品种为好，尤其是毛豆作为鲜售蔬菜，白毛品种的商品性更好，现在也有稀毛和无毛品种。种子椭圆形或圆形，无胚乳，百粒重10~50g，大多数毛豆的百粒重为20~35g，种子寿命2~4年，多数毛豆品种由于种子大、种子寿命较短，容易劣变和失活。

大豆的种皮颜色可分为4类：①黄大豆，种皮为黄色；②青大豆，种皮为青色，按其子叶颜色，又可分为青皮青仁和青皮黄仁2种；③黑大豆，种皮黑色，按其子叶颜色，又可分为乌皮青仁和乌皮黄仁2种；④其他色大豆，种皮为褐色、茶色、赤色及杂花色等。毛豆基本上以黄色、绿色种皮为主。近年来，育种家们为丰富毛豆品种，新培育了一些黑色、茶色豆品种，正在陆续投放市场，如日本近年来新推出的"茶豆"。

第二节 毛豆的生长发育期

一、毛豆的生育阶段

毛豆的一生要经历种子的萌发、出苗、幼苗生长、分枝、花芽分化、开花、结荚、鼓粒等一系列生长发育过程。根据器官发生的特点和对外界环境条件反应的变化，可分为发芽和出苗期、幼苗生

长期、花芽分化期、开花期、结荚鼓粒期等阶段。前2个时期是以发根、长叶、发生分枝为主的营养生长期,后几个时期是营养生长和生殖生长并进的时期,以荚果形成为主的生殖生长期。毛豆在豆荚鼓满时采收,在未达到生理成熟时就完成生育周期。

1. 发芽和出苗期

毛豆为双子叶植物,种子无胚乳,有2片肥大的子叶,发芽时子叶出土。毛豆种子在适宜的条件下萌发。首先,胚根穿过珠孔、突破种皮而扎入土中,以后形成主根;其次,下胚轴迅速伸长,其弯曲部分逐渐上升,把胚芽连同子叶一起顶出土面,以后长成主茎和枝叶。子叶出土、种皮脱落时,即为出苗。子叶出土后,变成绿色。出苗所需时间根据播种期和气温高低而不同,一般为4~15d。播种早,气温低,则时间长;反之,则时间短。春毛豆于3月下旬播种,从播种到出苗需7~15d,而7月上中旬至7月下旬播种的秋毛豆,只要水分适宜,4~5d即可出苗。子叶被顶出土面的能力,品种间有差异,有的品种下胚轴短,顶土能力较差,若播种时覆土过深就不易出苗。一般栽培毛豆的出土能力,以小粒品种较好,大粒品种的出苗性较差。出苗时,一般子叶离开种皮而使种皮留在土内,但如果种子活力不强或发芽条件不适,则出土的子叶仍黏附有种皮,使子叶不能及时展开或展开不畅,影响幼苗生长,严重者还可能引起幼苗发病死亡。

种子在适宜的温度、水分和空气条件下,才能发芽。通常18~20℃时,种子发芽快而整齐,播后6d即可齐苗。大田条件下

温度需稳定在10℃以上才可播种。种子富含蛋白质和油分，发芽时需吸收足够的水分。一般要求土壤田间持水量为70%~80%，需吸收种子本身重量1.2~1.5倍的水分才可发芽。因此，播种时要求整地质量高，土壤平坦疏松，同时播种不宜过深，以利于毛豆的顶土出苗。

2. 幼苗生长期

幼苗生长期主要表现为发根、出叶及主茎的生长。叶片分为子叶、单叶和复叶。出苗后，子叶展开变绿并进行光合作用，这对于促进幼苗生长有重要的作用。随着幼茎的生长，单叶展开，此时苗高3~6cm，称为单叶期。随后，茎顶端分化出复叶，在苗期，复叶的出叶间隔为5~6d。

毛豆为主根系，出苗后，胚根伸长为主根，发芽后5~7d在其周围形成4排侧根，向水平方向扩展和向下延伸。主根长度相差不大，但侧根数有随着播种深度加深而减少的趋势。毛豆播种深度一般以4cm产量最高，多雨年份播种深度以3cm为好，干旱年份则以5cm为好。

在培土或土壤水分充足时，毛豆胚轴和茎基部均可发生不定根。这些不定根是由近形成层的射线薄壁细胞在恢复分裂能力后分化形成的。若进行人工断根处理，断根的最佳部位在胚轴与主根交界处。毛豆大部分的根集中于地表至20cm表土耕层之内。从横向分布看，根重的78%~83%集中在离植株0~5cm的土体内。

根瘤在出苗后5~6d开始形成。根瘤菌由侵染丝通过根毛进入

内皮层细胞，内皮层细胞因受根瘤菌分泌物的刺激在根上形成根瘤。固氮在出苗后 2~3 周开始，以后固氮能力逐渐增强。

幼苗出土至花芽分化需 20~25d，约占整个生育期的 1/5。在苗期，毛豆的生长较为缓慢，其中地上部分又比地下部分生长缓慢，春毛豆在幼苗生长期气温低，生长速度比夏、秋大豆缓慢。种子萌发后，第二个三出复叶发生需 3~3.5d，以后的各个复叶发生需 2~3d，每隔 3~4d 出现 1 片复叶。

最适合幼苗生长的日平均温度为 20℃ 以上，但幼苗能耐低温和干旱。此时幼苗叶面积较小，耗水量低，所以较能忍受干旱。据测定，在 0.5~5.0℃ 情况下，如果时间短，大部分幼苗不会出现受害症状。苗期土壤适当少水可促使其根系深扎，发根良好。幼苗生长期叶面积小，叶面积指数仅为 0.2 左右，但根系吸收氮、磷的速度较快，能形成根瘤，但是固氮能力不强。因此，苗期还需补充一定的氮素营养。苗期因地上部生长缓慢，很易为杂草荫蔽，故有"豆怕苗里荒"的说法，在生产上要注意苗期勤中耕除草。

毛豆属短日照植物，光周期影响毛豆的发育。一般认为，出苗后 1 周，对光照条件有反应。出苗后约 16d，在一定的短日照条件下处理 10d，即能通过光照阶段。另外，光周期效应不仅制约开花，也影响开花以后的发育时期，如结荚期、成熟期。

3. 花芽分化期

一般自出苗后 20~30d，即开始花芽分化，从花芽分化至始花为花芽分化期。此期是分枝发生和生长的主要时期，其特点是花芽相继分化,分枝不断发生,营养生长速度日渐加快,是毛豆生长发育的旺盛时期。

当植株完成一定的营养生长以后,茎尖的分生组织开始发生花或花原基。从花原基出现到花开放一般为25~30d。毛豆花芽分化的早晚,因品种和环境条件而异。毛豆的花芽分化过程及其历经的天数如下。

(1) 花芽分化期。开花前20~30d。

(2) 雌蕊心皮分化期。开花前15~20d。

(3) 胚珠及花药原始体分化期。开花前10d。

(4) 雄性生殖细胞分裂期。开花前5~7d。

(5) 雌性生殖细胞分裂期。开花前4d。

毛豆植株形成的花虽然很多,但是花和蕾的脱落率很高,一般达30%~50%,多的高达70%。花芽分化期间,分枝也在生长,分枝的发生与出叶有一定的关系。通常出叶节位与分枝节位相差4个节。一般来说,子叶和单叶上的分枝常常延迟或不萌发。复叶以上的茎节,随着主茎的发育,依次由下而上陆续发生分枝,当植株的花芽分化结束时,分枝的发生随之停止。

植株茎上的节是由茎尖分生组织细胞不断分化而产生,主茎节数与生育期有关。不同品种和不同栽培条件下的主茎节数差异很大,少的6~7个节,多的30余个节。分枝是由主茎节上的腋芽发育而成,子叶、单叶或复叶的叶腋都可能产生分枝。一般植株下部各节上的腋芽常发育成分枝。分枝的多少和长短受遗传性的制

约,同时与环境因素的差异有关。空间大、肥力高,形成分枝多;空间小、肥力低,形成分枝少。

花芽的分化受日照长短的影响,短日照促进花芽的分化,长日照延缓花芽的分化。花芽分化还受温度的影响,在 15~25℃ 的温度下,有利于花芽形成,超过 25℃ 则延缓分化。花芽分化期要求的最低温度是 11℃,低于这个温度,大豆的花芽分化即受阻,始花期延迟。在各生育期中,该阶段对低温最敏感,是大豆生育过程中易受低温冷害的关键时期。

花芽分化与否或迟早,因品种的原产地地理纬度、品种的生育期类型及播种期的不同而有较大的差异。花芽分化期是毛豆生长发育的旺盛时期,植株生长量较大。这一时期与幼苗生长期相比,矿质养分日平均积累速度增加 4 倍,叶片数增加 1.5 倍,叶面积增加约 4 倍,植株达总株高的一半,茎粗增长 70%,根系仍以较快的速度继续扩大,所以是营养生长比较旺盛的时期。另外,严格地说,从花芽开始分化已可以算作进入生殖生长期,所以花芽分化期实质上是营养生长与生殖生长并进时期。此期植株营养物质的输送,地上部分主要集中于主茎生长点和腋芽。若养分不足,首先影响的是腋芽。因此,此时期需要良好的环境条件,满足植株旺盛生长和花芽不断分化的需要,达到株壮、枝多、花芽多的目的。

4. 开花期

花芽分化完成后开始膨大,但花仍紧闭,包住花冠;接着花萼略开,可见花瓣。继而雄蕊伸长,花萼逐步开放,花瓣与花萼齐

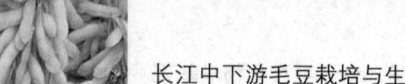

平，雄蕊继续伸长，与雌蕊高度接近，不久花瓣稍高于花萼，雄蕊与雌蕊高度相同，花粉囊裂开，花粉粒落于柱头，开始授粉受精。随后花冠展开，称为开花，但也有一些品种的花冠不展开或展开不畅。一个花蕾从形成到完全开放一般需 3~7d，开花只需 1d 即完成。始花后 1~11d 开花最盛。

每天的开花数量以早上为多，占 70%~80%，6 时开花，8—10 时盛开，16 时后基本停止。开花时期的长短因品种和环境条件而有变化，一般为 18~40d，有限结荚习性品种花期较短，无限结荚习性品种花期较长。此外，毛豆开花期的长短与栽培条件也有一定关系，早播、肥水充足的，花期较长；反之则短。毛豆开花期是营养生长和生殖生长并行时期。进入初花期以后，植株迅速增高，叶面积指数迅速扩大，根瘤数目迅速增多，因而植株干物质也迅速增加。据测定，整个花期只占全生育期的 1/4~1/3，而营养体的增长和干物质的积累却占一半以上，是毛豆一生中营养生长最快的时期。从生殖生长角度看，一方面大量开花，另一方面部分花芽正处在分化过程中，而早开的花已结成幼荚并开始伸长，所以生殖生长也处在旺盛时期。由于开花期是毛豆营养生长与生殖生长并行时期，因此对环境条件的要求比较高，反应敏感，如果环境条件不能满足这个时期的要求，就会引起大量落花落荚，造成减产。开花的最适昼夜温度分别为 22~29℃ 和 18~24℃，最低温度为 16~18℃。过高或过低都会抑制开花。空气相对湿度在 70%~80%、土壤最大持水量在 70%~80%时，最适宜开花。

5. 结荚鼓粒期

(1) 受精和胚珠发育过程。大豆是自花授粉、闭花受精的作物。花冠未开放前，花药已裂药散粉，持续达 2~3h，花粉的可育率为 80%~95%。花粉萌发后，进入珠孔，与胚珠进行双受精。成熟的花粉粒具有 1 个营养细胞和 1 个生殖细胞。自花授粉后，落到柱头上的花粉随即萌发，从 3 个萌发孔中的任何一个长出 1 条花粉管，生殖细胞很快进入其中。受精前的成熟胚囊中有 1 个卵细胞、2 个助细胞和具次生核的中央细胞。花粉发芽 15~20min 后花冠开放。开花后 7~10d，分化种皮各组织；开花后 15~20d，分化子叶，随后分化初生叶；开花后 30d，分化第一复叶。

(2) 豆荚形成和品质相关内含物的积累。开花受精后，子房随之膨大，接着出现软而小的青色豆。开花后 10d，豆荚迅速生长；开花后 20d，豆荚长度达全长的 90% 左右，25~30d 才达最大宽度；而厚度的增加，在豆荚伸长结束时才开始。种子干物质的积累，其重量的增加比体积的增加稍迟。在开花后 10d 内增加缓慢，荚长一般在 1.3cm 左右，以后的 1 周增加很快，每天平均增长 0.4cm 左右。

豆荚的长度和宽度在生殖生长早期就相对固定下来，然后籽粒迅速充实，接着豆荚扩展，豆荚的厚度和重量增加。由于毛豆的口味与种子的蔗糖和游离氨基酸成分密切相关，因此有必要对种子中蔗糖和游离氨基酸的成分作出评估。种子中的糖类主要有葡萄糖、果糖和蔗糖，蔗糖含量比较高，豆荚生长早期总的蔗糖含量缓慢上

升,到中期后保持平稳状态,果糖和葡萄糖的含量下降。游离氨基酸随着豆荚的伸长逐渐下降,为了有较好的口味,最好尽早收获。将豆荚颜色作为指标,最好在开花后40d之前收获。不同品种的最佳收获时间有一定的差别,一般当主茎上有40%的豆荚完全充实时进行收获较为适合。豆荚充实的速度较快,最适收获时间一般只有2d或3d。

(3) 种子发育及干物质积累。子房单室,内具2~4个胚珠,以3个胚珠为多。胚珠以珠柄着生在腹缝线上,弯生,珠孔向上,开口于腹缝一侧。直到受精14d后,胚珠及胚组织的相对比例仍然相同。随着子叶的迅速生长,胚乳很快被吸收,在受精后18~20d,只剩下胚乳的残余。在胚的发育过程中,胚珠的珠被形成了种皮,珠孔变为种孔,种脐即为胚珠珠柄成熟断落后的痕迹。1个胚珠即成为1粒种子,种子大部分的干物质是在开花后30d左右积累的。在种子发育过程中,随着种子的增大,粗脂肪、蛋白质等逐渐增加,淀粉与还原糖则逐渐减少,灰分中的磷也逐渐增加。种子中蛋白质与油分的积累比较迟,开花后30~45d才达总量的1/2左右。开花后20~40d粒重的增长占总粒重的70%~80%,单粒重的最大日增长量为7.51mg。多数品种在开花后35~45d籽粒增重最快。

(4) 结荚鼓粒期对环境条件的要求。结荚鼓粒期以生殖生长占主导地位,植株体内的营养物质开始再分配和再利用,籽粒和荚果成为这一时期唯一的养分聚集中心。此时的环境条件,对结荚率、每荚粒数、粒重及产量有很大的影响。毛豆结荚鼓粒喜凉爽的天

气，但结荚期温度至少要在15℃，至鼓粒阶段能耐9℃的低温。进入鼓粒期后，较低的温度有利于物质的积累。毛豆的结荚鼓粒期正处于5月下旬以后，一般不会遇到低温问题。鼓粒期如气候凉爽，昼夜温差大，土壤水分适宜，不但有利于起粒充实、粒重提高，还可以增加油分。一般有限结荚习性品种在开花终了时，幼荚形成和伸长不多；而无限结荚习性品种在开花终了时，植株下部的荚已有相当数量，有的荚甚至已达到最大长度与宽度。所以，开花结荚期和鼓粒期没有很明显的界限。

二、器官形成与发育

毛豆是对环境条件反应比较敏感的作物。了解毛豆的生育与环境条件的关系，是采用正确农业技术措施的一个重要依据。

1. 温度

毛豆发芽的最低温度为6~7℃，最适温度为30~35℃，最高温度为40~42℃。毛豆种子虽然能在6~7℃条件下发芽，但速度极慢。据研究，温度低于9℃时，下胚轴的伸长就受到抑制。所以，在低温下毛豆虽然能萌发，但是往往不能出土成苗或者出苗很迟，易遭病菌侵染为害，不能培育成壮苗。毛豆在15℃以上温度时，发芽和出苗才顺利，而以15~25℃为大豆发芽和出苗的理想温度，如温度再提高，出苗虽然快，但是苗较细弱。通常春大豆播种时温度偏低，出苗慢，出苗率低，为此常采用育苗移栽法。育苗移栽法在育苗阶段用塑料薄膜盖苗床来提高温度，因此可提早播种，加速出

苗和提高出苗率。毛豆出苗后，植株生长发育所需要的最低温度为10℃，最适温度为30℃左右。花芽分化需要15℃以上的温度，15~25℃对花芽分化或开花有促进作用，25℃以上促进开花的效果就减少，更高的温度甚至不利于开花。毛豆开花的最适温度，要求日间温度24~29℃，夜间温度18~24℃。温度低于13℃时，就停止开花，但温度过高，也会引起落花落荚率增加。开花以后，特别是种子快速充实阶段，温度不宜过高。一般气候凉爽、昼夜温差大，有利于籽粒充实，增加粒重，并且有利于油分含量的增加。籽粒充实期如遇到高温多湿天气，容易使种子生活力降低。

2. 水分

毛豆种子发芽要吸足种子本身重量1.2~1.5倍的水分，比玉米、水稻等作物发芽所需的水分多，主要是因为毛豆含有丰富的蛋白质。一般认为，75%的土壤含水量对毛豆的生长最适宜。据报道，毛豆每形成1kg干物质，需水300~500kg，但不同时期对水分的需求不同。幼苗期较能耐旱，一般保持土壤水分以最大持水量的50%左右为宜。随着幼苗生长，对水分要求日益增多，花芽分化期以保持土壤最大持水量的65%~70%为宜。开花期和种子形成期是毛豆需要水分最多的时期，要求适宜土壤水分为最大持水量的70%~90%，如低于70%，产量就直线下降。开花期若水分不足，花期缩短，开花数减少，花冠不能展开，落花数增加。种子形成期比开花期需要更多的水分，是毛豆需水的临界期。此时干旱会引起幼荚的大量脱落，或产生大量的瘪荚、瘪粒，并降低种子的饱满

度，对产量影响很大。据测定，一株毛豆从出苗到开花，一昼夜消耗 100~150g 水；而从开花到鼓粒，一昼夜则要消耗 300~500g 水。因此，农谚有"大豆开花，沟里摸虾"的说法。相反，毛豆到鼓粒以后，对水分的需求就显著减少，过多的水分不利于毛豆的成熟过程。

3. 营养

毛豆是需肥较多的作物。据吉林省农业科学院测定，每生产 100kg 种子，需吸收氮 7.5kg、磷 1.5kg、钾 3.9kg、钙 3.6kg，氮：磷：钾约为 5:1:2.5。如果出现徒长现象，由于养分多用于营养器官的生长，则所吸收的氮和磷比正常情况还要分别增加 20% 和 49.4%。由于毛豆吸收钙比较多，可以把钙和氮、磷、钾合称为毛豆的四要素。毛豆对四要素的吸收，开花以前比较缓慢，开花以后吸收加快，这与开花以后干物质的迅速积累相一致。到种子开始鼓粒时，各种营养元素的吸收基本上都达到了最大值。此时期以后直到成熟前，氮素和磷素还略有增加，钙则保持一定水平，钾反而有所减少。毛豆开花期是吸收各要素最快的时期。据研究，自出苗到开花，毛豆只吸收 16.6% 的氮、8.4%~12.4% 的磷和 25% 的钾；但到开花结束时，已吸收氮 78.4%、磷 50%、钾 82.1%。氮的吸收高峰期出现在初花期到盛花期，磷的吸收高峰期出现在开花盛期到末期，而钾的吸收高峰期比氮早，出现在初花期。

（1）氮。毛豆的籽粒含有 40% 左右的蛋白质，其茎、叶含氮量也很丰富。因此，毛豆是需氮很多的作物。毛豆开花期供给充足

的氮尤为重要，此时如氮不足，结荚率降低，对产量影响比较大。有些试验表明，开花期氮吸收量与种子产量之间呈现明显的正相关，即氮吸收多的，种子产量比较高。

毛豆吸收的氮包括来自土壤中的氮、肥料中的氮和根瘤菌固定的共生氮。一般根瘤菌固定的共生氮能满足大豆需氮量的 1/3～3/4，生产水平越低，共生氮所占的比重越大。据测定，每亩毛豆可固定纯氮 3.5～7.5kg。毛豆根瘤菌的固氮能力，除了与毛豆的生育期密切相关外，与土壤中氮的含量以及肥料氮的多少有关。一般土壤含氮量多、施氮肥水平高的，共生氮就少。在有些情况下，如氮肥施得不合理，增产效果就小或者没有增产效果。因此，必须注意施氮肥时期，以提高氮肥的效果。一般来说，生育期短的品种比生育期长的施氮肥效果要好。毛豆生育前期，根瘤菌还不多，活动能力也不强，固定的氮比较少，此时适量地施些氮肥，可促使幼苗生长健壮。反过来，幼苗生长被促进以后，就有较多的光合产物供给根瘤菌，从而促进了根瘤菌的发育，增强了固氮能力。毛豆进入开花期以后，需氮量急增，虽然此时根瘤菌的固氮作用也日趋旺盛，但是仍不能满足毛豆旺盛生育的需要。因此，毛豆进入开花期后，根据当时的长势、地力情况，适当施些氮肥，对提高产量有良好的效果。此外，在肥源的选择上可多用有机肥料，在施肥方法上做到氮肥深施或隔行施，或提前于毛豆前作中施用，尽量减少肥料与根的直接接触。

（2）磷。磷与器官的分化形成和生长点的生长有很密切的关

系，它可促进花芽分化，增加花芽数目，加速养分向生殖器官运输，促进早熟，增加产量和提高毛豆的品质。磷对根瘤菌的生长发育也非常重要。据试验，在开花盛期，叶片吸收的磷有 1/4~1/3 被运往根瘤，对根瘤发育有明显的促进作用。磷在植物体内的分布，生育前期主要集中在生长点和其他生长最活跃的部分，生育后期则较多地分布于生殖器官。毛豆生育前期根系吸磷能力比较弱，一般只能吸收可溶性磷化物，随着植株生长，逐渐能利用难溶性磷化物。当毛豆生育前期供给充足的磷肥时，其吸收的大量磷可以无机盐状态储存下来，到需要时再重新分配利用。因此，磷肥以早施为好。施用磷肥的效果，以土壤有效磷在 $150\mu g/g$ 以下时比较显著。

（3）钾、钙和镁。钾与光合产物的合成和运输有密切的关系，在生育前期，钾和氮一起共同加速大豆的营养生长；在生育后期，则钾与磷一起配合加速植株体内的物质转化，提早成熟。此外，钾对增加抗倒伏能力与促进根瘤发育也都有良好的作用。

钙对地下部发育的影响明显比地上部大，钙可促进生长点细胞分裂，加速幼嫩部分的生长，可中和过多的草酸，又可中和土壤酸性，促进根瘤菌繁殖。缺乏钙，豆根脆弱而变成暗褐色，侧根的发育减少，根系发育不良。

镁在毛豆灰分中的含量仅次于钙和钾，主要分布于生理机能旺盛的部分。镁可增加大豆固氮能力。缺镁时，根短而不分侧根，叶和茎呈灰绿色，叶脉间发生黄色斑点，出现缺绿病。缺镁还会使磷的吸收和移动受到一定影响。

(4) 微量元素。毛豆生育除需要上述元素外,还需要铁、锰、硼、钼等微量元素。铁能促使毛豆生育良好,根系呼吸作用旺盛,缺铁时叶片变浅黄色而失绿,但组织并不死亡。锰与叶绿素的形成有关,也是某些氧化物的活化剂,因而可促进呼吸和发育。缺锰时生长停滞,也会引起叶色变淡缺绿。硼可促进体内碳水化合物的运输,增加开花数和提高结实率,增加产量和含油量。缺硼时,生育变慢,叶色淡绿,叶面凹凸不平,根系和根瘤发育不良,茎尖的分生组织死亡。钼可促进根瘤生长和提高固氮能力,还可加速对磷的吸收利用,提早成熟。此外,铜、锌等微量元素对大豆的生长发育、产量和品质等方面均有影响。

4. 光照

毛豆植株有较强的耐阴性,光补偿点比棉花、谷子等作物低,适宜与其他作物间套作。毛豆的光饱和点,对单叶来说约为2.4万 lx,在叶面积指数为3.0~6.5的群体情况下,生育最盛时为4.0万~6.0万 lx,随着叶面积指数的提高,光饱和点也相应提高。毛豆对光照最敏感的时期是开花后期或结荚初期。据试验,此时期用反射法增加光照,荚数增加31%~48%,产量增加40%~57%;若此时期进行遮光处理,荚数和产量分别比对照减少16%和29%。

5. 落花落荚

夏晚毛豆花荚脱落是易发生的现象。据调查,光饱和点指当达到一定光照度后光合速度不再因光照度的增大而增加时,即为光饱

和现象，这时的光照度就是光饱和点。落荚率一般在40%~70%，严重的则达80%~90%，严重影响毛豆产量。毛豆花荚脱落的一般规律是有限结荚习性品种比无限结荚习性品种的脱落率低。在一个植株上，有限结荚习性品种下部脱落的多，中部次之，上部最少；而无限结荚习性品种上部脱落较多，分枝上部脱落多，而且落荚多于落花。花荚脱落时期在开花末期，此时也是出现落花高峰的一个时期。

花荚脱落的原因是很复杂的，除了机械损伤、病虫害以及暴风雨影响外，主要是由于株间光照不足，温度、湿度、水分、养分供应不足或不当，使植株体内新陈代谢不协调，各层叶片光合产物合成与供应不平衡以及某一时期运输系统受到阻碍，花荚所必需的养分种类和数量不足或比例失调所致。

毛豆在开花结荚以后，根系活动旺盛，植株呼吸强度降低幅度小，花荚脱落率降低。毛豆叶片可溶性糖的含量是随着生育进程而逐步升高的，开花盛期达到高峰，在结荚初期有所下降。叶片中含糖量（光合作用产生的各种类型的糖）呈现先高后低、再高再低的变化规律。在开花后期，叶片含糖量出现第二次高峰，凡是花荚中可溶性糖含量百分率高者，脱落率低。毛豆植株开花期间植株体内可溶性氮向花荚转移快，到结荚期合成蛋白质多者，脱落率低。但开花期植株体内含氮过多，营养体生长过旺，易引起倒伏，则使花荚脱落率骤增。通风透光状况也影响毛豆的花荚脱落率。据调查，毛豆开花结荚期间，在群体通风透光条件优越的情况下，光合作用

强，花荚脱落率低；在群体叶片互相搭接遮光的情况下，因光照条件不好，植株下部叶片光合作用差，花荚脱落率高。因此，满足肥水条件，改善群体的通风透光状况，是增花保荚的关键。目前，有些地方利用玉米与毛豆间种，反而降低了毛豆产量，主要是由于毛豆受光条件恶化、同化产物供应不足、花荚大量脱落而引起的。因此，必须正确处理好两者争光的矛盾。温度、湿度、水分、养分状况影响毛豆的同化和异化作用，因而影响花荚的形成和脱落。开花结荚期间平均气温低于22℃、最低湿度低于60%，花荚脱落率也高，温度适宜、大气湿度在80%，则有利于增花保荚。气温过高、湿度过大，都会造成较多的花荚脱落。水分是毛豆植株的主要组成物质之一，是毛豆生长发育的命脉。因此，水分过多或过于干旱都会使毛豆花荚脱落增加。我国毛豆产区毛豆养分供应一般存在的问题，一方面是养分供应不足，满足不了毛豆开花结荚期对养分的大量需要，造成开花结荚少，脱落较多；另一方面则表现为养分供应失调，偏重某种营养元素的供应，或者养分供应与其他栽培技术配合不够得当，而引起花荚脱落较为严重。因此，合理增加营养元素是减少花荚脱落、增加结荚数量的重要技术措施。

　　解决花荚脱落问题，必须从增加开花数、减少脱落率出发，使之增花、增荚、增粒、增重，以提高产量。选用抗倒伏高产稳产品种；合理施肥，毛豆与矮棵作物间种，合理密植，适时灌水、摘心或化控等，都能有效地增加开花数量，减少花荚脱落率，提高毛豆产量。

第三章 毛豆高效栽培技术

第一节 毛豆栽培技术

一、整地施肥

1. 深耕

作物生长需要一定的耕作深度,农户常年用畜力步犁耕地犁地不平,耕作深度一般只有 12cm 左右,而且不能很好地翻松土壤。用小四轮拖拉机带铧式犁或旋耕机进行浅翻、旋耕作业,土壤耕层只有 12~15cm,耕作层与心土层之间逐渐形成一层坚硬、封闭的犁底层,长此以往,熟土层厚度减少,犁底层厚度增加,很难满足作物生长发育对土壤的要求,导致产量降低。另外,长期反复大量施用化肥和农药,微生物消耗土壤有机质,磷酸根离子形成难溶性磷酸盐,破坏了土壤团粒结构,土壤表层逐渐变得紧实。坚硬板结的土层阻碍了耕作层与心土层之间水、肥、气与热量的连通性,严重影响土壤水分下渗和透气性能,作物根系难以深扎,导致耕作层显

著变浅,犁底层逐年增厚,耕地日趋板结。理化性状变劣,耕地地力下降,制约了作物产量的提高。

机械深耕是土壤耕作的重要内容之一,也是农业生产过程中经常采用的增产技术措施,目的是为作物的播种发芽、生长发育提供良好的土壤环境。首先,利用机械深松深翻,可以使耕作层疏松绵软、结构良好、活土层厚、平整肥沃,使固相、液相、气相比例相互协调,适应作物生长发育的要求。其次,可以创造一个良好的发芽种床或菌床。对旱作来说,要求播种部位的土壤比较紧实,有利于提墒,促进种子萌动;而覆盖种子的土层则要求松软,有利于透水透气,促进种子发芽出苗。最后,深耕可以清理田间残茬杂草,掩埋肥料,消灭寄生在土壤和残茬上的病虫害等。

深耕包括深翻耕作(即传统的深耕)和深松耕作。深翻耕作是土壤耕作中最基本也是最重要的耕作措施,它不仅对土壤性质的影响较大,同时作用范围广,持续时间也远比其他各项措施长,而且其他耕作措施(如耙地等)都是在这一措施的基础上进行的。深翻耕作具有翻土、松土、混土、碎土的作用。机械深翻耕作的技术实质是用机械实现翻土、松土和混土。深松耕作是指超过一段耕作层厚度的松土。机械深松耕作的技术实质是通过大型拖拉机配挂深松机或配挂带有深松部件的联合整地机等机具,全方位或行间深层土壤耕作的机械化整地技术,松碎土壤而不翻土、保持土层不乱。通过深松土壤,可在保持原土层不乱的情况下,打破坚硬的犁底层、改善土壤耕层结构,增加土壤耕层深度,起到蓄水保墒、增加地

温、促进土壤熟化、提升耕地地力的作用,为作物生长发育创造适宜的土壤环境条件,还能促进作物根系发育,增强其防倒伏和耐旱能力,为作物高产稳产奠定一定的基础。

2. 整地与施肥

为获取毛豆的高产,提高经济效益,必须把土质瘠薄的斜坡地整成土层深厚、上下"两平"、能排能灌的高产稳产农田,把跑水、跑土和跑肥低洼田逐步改造成保水、保土和保肥的"三保田"。整地的具体技术要求如下。

(1) 上下"两平",不乱土层。为了使新整农田当年创高产,在整地标准上,首先要求地上和地下达到"两平"。地上平是为了减少雨后径流,防止水土流失,有利于排灌,故应根据水源和排灌方向,保持一定坡降比例,一般梯田的纵向为 0.3%~0.5%,横向为 0.1%~0.2%。地下平则要求土层保持一定的厚度,不能一头厚、一头薄或一边深、一边浅。如果土层深浅不等,大豆的生长就会不一致,达不到平衡增产的目的。一般土层深度要求保持在 50cm 以上,先填生土,后垫熟土,使熟土层保持在 20~25cm 为宜。或者采取"两生夹一熟"的办法,即在熟土上垫 3~5cm 生土,进行浅耕混合,以促进生土熟化。

(2) 增施肥料,灌水沉实。为促进土壤熟化,要结合冬春耕地,增施有机肥料,重施氮、磷、钾,特别是增施氮素化肥,对毛豆发芽增产有重要作用。一般每亩施土杂肥 27 500kg、标准氮素化肥 30~40kg、过磷酸钙 40~80kg、硫酸钾 10~15kg 和草木灰 100~

150kg。

新整理的农田由于土壤大起大落，土层悬空不沉实，没有形成上松下实的土层结构，气、水矛盾激化。有的在土层内还有许多暗坷垃，透风跑墒，播种的毛豆往往因底墒不足落干吊死，造成缺苗断垄；或遇雨水过多，土壤蓄水过大，地温下降，造成芽涝；或土层塌陷，拉断根系，造成弱苗或死苗。因此，在整地后，应采取灌水沉实的办法，使上下悬空的土层上松下实，灌水要在冬季封冻前或早春解冻后进行，灌水过迟，会造成土壤黏实，地温回升慢，影响适期播种和正常出苗。灌水时要开沟、筑埂，以便灌透、灌匀。灌水后及时整平地面，耙平耢细，以利于保墒防旱。灌水量不要过多，以润透土层为宜，以免造成上层板结，影响整地效果。

（3）"三沟"配套，能排能灌。新整农田要建成高产稳产田，除结合水利配套设施，搞好排灌系统外，还要抓好"三沟"配套，做到防冲防旱、能排能灌，使沟沟相连，彻底解决雨后"半边涝"和"旱天灌溉"问题。

二、克服连作障碍

1. 连作障碍

从作物种植的衔接方式上说，茬口有正茬、重茬、迎茬之分。一般正茬是指同一地块上，在种植其他作物至少 2 年之后再种植此种作物的倒茬方式。东北产区，一年只种一季农作物，此种毛豆的正茬指年度间的轮作，南方则为复种轮作。重茬是指同一地块上，

连续2年或数年种植同一种作物。迎茬则是同一地块,第一年种植一种作物,翌年更换种植另一种作物,第三年所种植的作物与第一年相同。换言之,迎茬只是间隔1年又种植同一种作物的倒茬方式,如毛豆—小麦—毛豆。

一般来说,在作物构成中,毛豆的种植面积应当控制在33%左右。这样可以使所有的耕地每隔2年种一茬毛豆。但是,有的毛豆主产区,包括南方毛豆种植面积过大,以致造成重茬、迎茬面积增加,造成毛豆产量和品质下降。

2. 连作障碍机理

(1) 土壤微生物区系发生较大的变化。连作土壤真菌的数量明显地多于轮作土壤的真菌数量,其真菌的优势种为可侵染根的镰刀菌。连作促进了真菌的富集,致病的可能性增大。

(2) 根系分泌物的作用。通过利用经灭菌的和未经灭菌的连作土壤种植玉米、大豆、向日葵和草木樨4种作物,结果发现,连作土壤灭菌基本上解除了玉米和向日葵的连作障碍,而大豆和草木樨的连作障碍虽然有所减轻,但并未完全解除。因而表明,除了微生物区系的变化之外,可能还有其他的障碍因子,如根系分泌物的毒害作用。季尚宁等 (1991) 用半腐解的大豆残茬浸提液处理已萌动的大豆种子,9d后测量芽长和鲜重。结果表明,经大豆残茬浸提液处理的大豆芽长 (6.33cm) 比用净水处理的芽长 (8.82cm) 短2.49cm,单株鲜重低0.112g (分别为0.626g和0.738g)。残茬沙培的根系短,呈黄褐色;对照植株的根系长,呈白色。

马泽仁等在盆栽条件下，用净水浇灌大豆植株，然后将盆土漏下的浇灌液回收、过滤，取上清液用以进行种子发芽试验，得到如下结果。若以苗期回收液处理的种子发芽势和发芽指数为100%，相应地开花期回收液处理的分别为86.2%和78.5%，成熟期回收液处理的分别为72.9%和66.70%。这说明，在大豆生育中后期，植株体内及相应的土壤内可能存在萌发抑制物质。分析结果证实，生育后期大豆根体内的主要内源抑制物之一是脱落酸。

（3）连作条件下植株体内酶和土壤酶活性的变化。与其他逆境胁迫一样，连作也是一种胁迫。在连作胁迫下，植株体内酶和土壤酶的活性发生较大的变化。超氧化物歧化酶（SOD）是防御活性氧或其他过氧化物自由基对细胞膜伤害的保护酶，具有保护膜结构的功能。据报道，迎茬大豆根部细胞内的SOD活性有所提高，表明保护膜免受伤害的能力有所增强；但是，重茬1年特别是重茬5年的大豆根部细胞内的SOD活性却分别降低了2.08%和25.82%。由此可知，重茬加快了大豆根部细胞的衰老。

3. 克服连作障碍的措施

在南方毛豆产区，由于生产面积的扩大和种植效益的提高，存在着连作障碍现象。具体的克服办法如下。

（1）建立合理的轮作制度。要坚持正茬，减少迎茬，避免重茬。

（2）增施有机肥，保证肥水供应。土壤有机质含量高，重茬毛

豆减产幅度小。增施有机肥或由收割机将前茬小麦、玉米的秸秆粉碎还田，可培肥地力，减缓重茬带来的危害，配方施肥也具有改善的效果。

(3) 选育推广抗病品种。连作减产的重要原因是几种病害的传播和为害，应用抗病品种是防治病害最经济、最安全的措施。

第二节　毛豆主要病虫害防治技术

一、主要病害及其防治

毛豆生产上发生的病虫草害种类较多，是限制毛豆产量提高和品质提升的重要因素之一。毛豆常年发生的病虫草害达100多种，其中造成严重损失的有20余种，如根腐病、病毒病、褐斑病、霜霉病、食心虫、豆荚螟、豆叶东潜蝇等。有些重大病虫草害一旦暴发成灾，不仅为害农业生产，而且影响食品安全、人体健康、生态环境、产品贸易、经济发展乃至公共安全。

(一) 根腐病

根腐病是一种为害严重、病原菌种类多而且防治较为困难的世界性土传病害。近年来，此病在我国各大豆种植区均有发生，局部地区为害严重。毛豆受害后，一般减产5%~10%，严重的可达50%以上，甚至绝产。

1. 分布与为害

根腐病由多种病原真菌引起。镰刀菌为主要致病菌,病株根部从根尖开始变色,水浸状,主根下半部先出现褐色条斑,以后逐渐扩大,表皮及皮层变黑腐烂,严重时主根下半部烂掉;叶片由下而上逐渐变黄,植株矮化、结荚少,严重时植株死亡。

2. 症状特征

主要发生在大豆根部,幼苗或成株均染病。初期茎基部或胚根表皮出现淡红褐色不规则的小斑,后变红褐色凹陷坏死斑,绕根茎扩展致根皮枯死,受害株根系不发达,根瘤少、地上部短小变弱,叶色淡绿,分枝、结荚明显减少。

3. 发生规律

根腐病在大豆种子萌发以后即可发生,根和靠近根表的茎是主要的侵染部位,侵入方式有伤口侵入、自然孔口侵入和直接侵入3种,直接侵入的较少。土温18℃左右,长期保持适当湿度或稍干燥条件下,病菌的致病力最强,植株的发病程度也最严重。重茬、迎茬、多施氮肥、土壤黏重的地块发病重,平作比垄作发病重。大豆根潜蝇为害与根腐病发生呈高度正相关。

4. 防治措施

(1) 农业防治。选用抗耐病品种;及时清除田间病残体,控制侵染源;合理轮作,避免重茬、迎茬;适当晚播,控制播深,实行深沟高畦栽培;增施磷肥或有机肥,合理中耕、深松培土,改善土壤通气条件,及时排除田间积水。

(2) 化学防治。播种前，按种子重量的 4%~5% 选用 30% 多·福·克悬浮种衣剂，或种子重量 1.7%~2% 的 13% 甲霜·多菌灵悬浮种衣剂，或种子重量 0.6%~0.8% 的 2.5% 咯菌腈悬浮种衣剂，或种子重量 1%~1.3% 的 35.5% 阿维·多·福悬浮种衣剂进行种子包衣，或用 2% 宁南霉素水剂 500mL 均匀拌 50kg 种子，然后堆闷阴干即可播种。发病地块可用 70% 甲基硫菌灵可湿性粉剂 1 000 倍液，或 50% 多菌灵可湿性粉剂 800~1 000 倍液或 20% 噻菌铜悬浮剂 500~600 倍液，或 4% 农抗 120 水剂 150~300 倍液灌根。

(二) 立枯病

1. 分布与为害

立枯病俗称"死棵""猝倒""黑根病"，在我国各大豆种植区均有发生。本病的发生与为害情况因地区和年份有很大不同，病害严重年份，轻病田死株率在 5%~10%，重病田死株率在 30% 以上，个别田块甚至全部死光，造成绝产。

2. 症状特征

立枯病主要为害幼苗或幼株，幼苗或幼株主根及近地面茎基部出现红褐色稍凹陷的病斑，皮层开裂呈溃疡状。幼苗受害严重时，茎基部变褐缢缩折倒而枯死。幼株受害往往表现为植株变黄、生长缓慢、植株矮小，茎基部呈红褐色，皮层开裂呈溃疡状。

3. 发生规律

病菌以菌丝体和菌核在土壤中越冬，成为翌年的初侵染源。本病为土壤习居菌引起的土传病害,病菌直接入侵大豆初生根系或次生根系,或由伤口侵入,发病后,病部长出菌丝继续向四周扩展,也有的形成子实体,产生担孢子在夜间飞散,落到植株叶片上以后,产生病斑。苗期遇低温和雨水大时易于发病。地势低洼、排水不良或土壤黏重的地块发病重。重茬地和高粱茬地发病重。地下害虫多、土质瘠薄、缺肥和大豆长势差的田块发病重。

4. 防治措施

(1) 农业防治。与禾本科作物实行3年以上轮作;避免在低洼地种植毛豆,或加强排水排涝,防止地表湿度过大;合理密植,勤中耕除草,改善田间通风透光性;收获后及时清除田间遗留的病株残体,并深翻土地。

(2) 调节土壤酸碱度。施用石灰调节土壤酸碱度,使之呈微碱性,每亩用量50~100kg。

(3) 化学防治。播种前进行种子消毒或药剂拌种,可选用50%多菌灵可湿性粉剂或50%甲基硫菌灵可湿性粉剂按种子重量0.5%~0.6%的用量拌种,或用70%噁霉灵种子处理干粉剂按种子重量的0.1%~0.2%拌种。发病初期喷洒70%乙磷·锰锌可湿性粉剂500倍液,或58%甲霜灵·锰锌可湿性粉剂500倍液,或64%杀毒矾可湿性粉剂500倍液,或18%甲霜胺·锰锌可湿性粉剂600倍液,或69%安克锰锌可湿性粉剂1 000倍液,10d左右喷洒1次,连续防治2~3次。

(三) 病毒病

1. 分布与为害

病毒病是由多种病毒单一或复合侵染的一类系统性病害，主要包括花叶病、芽枯病等，广泛分布于我国各大豆种植区。其中，花叶病发生普遍，占病毒病的80%以上，可造成减产40%。

2. 症状特征

病毒病的症状因病毒种类（特别是复合侵染的病毒种类）、大豆品种、侵染时期及环境条件不同而多样。主要症状如下。

（1）轻花叶型。叶片生长基本正常，叶上出现轻微淡黄绿相间斑驳，对光观察尤为明显，通常后期病株或抗病品种多表现此症状。

（2）重花叶型。病叶呈黄绿相间斑驳，皱缩严重，叶脉变褐弯曲，叶肉呈疱状凸起，叶缘下卷，后期导致叶脉坏死，植株明显矮化。

（3）皱缩花叶型。症状介于轻、重花叶型之间，病叶出现黄绿相间花叶，沿中叶脉呈疱状凸起，叶片皱缩呈歪扭不整形。

（4）黄斑型。轻花叶型与皱缩花叶型混生，出现黄斑坏死，叶片皱缩褪色为黄色斑驳，叶片密生坏死褐色小点，或生出不规则的黄色大斑块，叶脉变褐坏死。

（5）芽枯型。病株茎部顶芽或侧芽初变为红褐色或褐色，萎缩卷曲，后变褐坏死，发脆易断，植株矮化。开花期表现症状多数为花芽萎蔫不结实。结荚期表现症状为豆荚上生圆形或不规则形褐色斑块，豆荚多变为畸形。

（6）褐斑粒型。籽粒斑驳，因豆粒脐部颜色而异：褐色脐的呈褐色，黄白色脐的呈浅褐色，黑色脐的呈黑色。播种带病种子，所结病荚种子上的斑纹明显，后期由蚜虫传播的感病植株上结的病荚里的种子很少产生褐斑斑纹。

3. 发生规律

病毒病在流行规律上具有显著特点：一是带毒种子长成的病苗为当年发病的侵染源，且脱毒困难；二是病害依靠蚜虫在田间不断传播，传毒方式为非持久型，即获毒快、传毒快，但失毒也快。经测定，蚜虫在病株上刺吸 30~60s 就可带病毒，带毒蚜在健株上吸食 1min 就可以传毒，持续传毒只有 75min。因此，要求使用能够迅速击倒蚜虫的药剂来防治，否则达不到显著的防病效果。

4. 防治措施

（1）农业防治。建立无病留种田，选用无褐斑、饱满的豆粒作种子；加强肥水管理，培育健壮植株，增强抗病能力。

（2）治蚜防病。从苗期开始就要进行蚜虫的防治，防止和减少病毒的侵染。有条件的地方可铺银灰膜驱蚜，效果达 80%。也可在有翅蚜迁飞前进行防治，喷洒 2.5%溴氰菊酯乳油 2 000~3 000 倍液，或 50%抗蚜威可湿性粉剂 2 000 倍液，或 10%吡虫啉可湿性粉剂 2 500 倍液。

（3）化学防治。可结合苗期蚜虫防治来施药。药剂可选用 0.5%氨基寡糖素水剂 500 倍液，或 5%菌毒清水剂 400 倍液，或

8%宁南霉素水剂800~1 000倍液,或0.5%几丁聚糖水剂200~400倍液,或0.5%萜类蛋白多糖水剂200~400倍液,或6%烯·羟·硫酸铜可湿性粉剂200~400倍液喷雾,连续使用2~3次,隔7~10d 1次。

(四)疫病

1. 分布与为害

疫病又称疫霉根腐病,是由疫霉菌引起的根腐和茎腐病,为大豆毁灭性病害,是重要的国际性检疫病害,只侵染豆科植物,如羽扇豆、菜豆、豌豆等。该病在大豆的整个生育期都可发生,一般发病田减产30%~50%,高感品种损失达50%~80%,甚至绝收。

2. 症状特征

疫病为害大豆植株的根、茎、叶及部分豆荚,可引起根腐、茎腐、植株矮化、枯萎等症状,甚至导致大豆植株死亡。带菌种子播种后引起种子和幼芽出土前腐烂,或出土后幼苗发生猝倒。主根或侧根等根系受害后变褐腐烂,甚至完全腐烂。病茎由基部至第一分枝处产生褐色水渍状病斑,湿度大时易发生溃疡腐烂,病斑可向上断续蔓延达多个分枝处。病斑延伸至叶柄,使叶柄基部变褐凹陷,叶片呈"八"字形下垂凋萎,但不脱落。后期发病往往表现植株叶片由下而上萎蔫发黄,植株逐渐枯萎死亡,剖检茎秆可见髓部维管束变褐坏死。豆荚受害多从基部开始,病斑呈水渍状,逐渐扩展到整个豆荚,最后整个豆荚变褐干枯。病荚中的豆粒也可受到侵染,豆粒表面无光泽,淡褐色至黑褐色,皱缩干瘪,部分种子表皮皱缩

后呈网纹状,豆粒变小。大豆植株各部位受疫霉菌侵染发病后,通常伴随腐生菌二次侵染而呈褐色或黑褐色腐烂,并产生大量子实体,不但加重大豆发病,而且容易导致误诊。该病同枯萎病不易区分。

3. 发生规律

疫病是典型的土壤真菌传播,真菌只能以抗逆性很强的卵孢子随病残体在土壤中或混在种子中的土壤颗粒中越冬,成为翌年初侵染源。带有病菌的土粒被风雨吹溅到大豆上能引致初侵染,积水中的游动孢子遇上大豆根以后,先形成休止孢子,后萌发侵入,产生菌丝在寄主细胞间蔓延,形成球状或指状吸器汲取营养,同时还可形成大量卵孢子。土壤中或病残体上卵孢子可存活多年。卵孢子经30d休眠才能发芽。湿度高或多雨天气土壤黏重,易发病。重茬地发病重。

4. 防治措施

(1) 实施检疫。我国已将本病列为全国农业植物检疫对象和进境植物检疫一类危险性有害生物,应严格执行《植物检疫条例》;禁止种植带菌种子。

(2) 农业防治。应用抗病和耐病品种;加强田间管理,适时中耕培土,收获后及时深翻土地;避免在低洼土地种植毛豆,加强排水排涝,降低土壤湿度,减轻发病;与禾本科作物实行3年以上轮作。

(3) 化学防治。播种时沟施甲霜灵颗粒剂,可防止根部侵染。

播种前用种子重量0.3%的35%甲霜灵种子处理干粉剂拌种，或用2%宁南霉素水剂500mL拌50kg大豆种子，堆闷阴干后播种。必要时可采用化学药剂喷洒或浇灌防治，有效药剂有25%甲霜灵可湿性粉剂800倍液，或58%甲霜·锰锌可湿性粉剂600倍液，或64%甲霜·锰锌可湿性粉剂900倍液，或72%霜脲·锰锌可湿性粉剂700倍液，或69%烯酰·锰锌可湿性粉剂900倍液。

（五）茎枯病

1. 分布与为害

茎枯病主要发生于大豆生长的中后期，对植株生长发育无明显影响。在我国华北、华中和东北等地大豆田均有发生。

2. 症状特征

茎枯病主要为害茎部。受害茎上初期生椭圆形灰褐色病斑，以后逐渐扩大成一块块黑色长条斑，上面密生小黑点（分生孢子器）。该病初发生于茎下部，逐渐蔓延到茎上部，落叶后收获前植株茎上症状最为明显，易于识别。

3. 发生规律

病菌以分生孢子器在病残体上越冬，成为翌年初侵染源。翌年遇适宜的温、湿度条件，分生孢子器释放分生孢子，借风雨传播侵染发病。该菌寄生性较弱，一般在植株长势弱或接近成熟时开始发病。

4. 防治措施

茎枯病主要采用农业措施防治。选用抗、耐病的品种；大豆收

获后及时清除田间病株残体，秋翻土地，减少菌源；实行轮作，减轻发病。

（六）枯萎病

1. 分布与为害

枯萎病是世界性发生的病害，在我国各大豆种植区零星发生，但为害严重，常造成植株死亡，近年来在局部地区发生趋于严重。

2. 症状特征

枯萎病是系统性侵染整株发生病害。发病植株生长矮小，染病初期叶片由下而上逐渐变黄色至黄褐色萎蔫。幼苗发病后先萎蔫，茎软化，叶片褪绿或卷缩，呈青枯状，不脱落，叶柄也不下垂；病根发育不健全，幼株根系腐烂坏死，呈褐色并扩展至地上3~5节。成株期发病，病株叶片先从上往下萎蔫黄化枯死，一侧或侧枝先黄化萎蔫再累及全株；病根褐色至深褐色呈干枯状坏死，剖开病部根系，可见维管束变为褐色；病茎明显缢缩，有褐色坏死斑，在病健结合处髓腔中可见到约0.5cm宽的粉红色菌丝，病健结合处以上部分呈褐色水渍状。后期在病株茎的基部产生白色絮状菌丝和粉红色胶状物，即病原菌丝和分生孢子。病茎部维管束变为褐色，木质部及髓腔不变色。

3. 发生规律

本病为典型的土传病害，病菌由根部侵入导致整株发病。病菌以菌丝体、分生孢子和厚垣孢子随病残体在土壤中营腐生生活越冬，成为翌年的初侵染菌源。病菌通过幼根伤口侵入根部，然后进

入导管系统,随蒸腾液流在导管内扩散,菌丝体充满木质导管或产生毒素,导致植株萎蔫枯死。在田间借灌溉水、昆虫或雨水溅射传播蔓延。高温高湿条件易发病。连作地、土质黏重、根系发育不良发病重。此外,大豆孢囊线虫密度大、根结线虫发生重的地块,枯萎病发生也较重。

4. 防治措施

因地制宜选用抗枯萎病的品种;施用酵素菌沤制的堆肥或充分腐熟的有机肥,减少化肥施用量;闲耕时,田间覆盖塑料薄膜,利用热力进行土壤消毒;发现病株及时拔除,带出田外销毁。

处理种子是防治枯萎病的主要措施,可用种子重量 1.2% ~ 1.5% 的 35% 多·福·克悬浮种衣剂,或种子重量 0.2% ~ 0.3% 的 2.5% 咯菌腈悬浮种衣剂,或种子重量 1.3% 的 2% 宁南霉素水剂拌种。发病初期,可用 70% 甲基硫菌灵可湿性粉剂 800 倍液,或 50% 多菌灵可湿性粉剂 500 倍液,或 10% 混合氨基酸铜络合物水剂 300 倍液,或 50% 琥胶肥酸铜可湿性粉剂 500 倍液淋穴,每穴喷淋药液 300~500mL,间隔 7d 喷淋 1 次,共防治 2~3 次。

(七)细菌斑点病

1. 分布与为害

细菌斑点病在我国各大豆种植区均有发生。发病重时可造成叶片提早脱落而减产。

2. 症状特征

细菌斑点病主要为害大豆叶片,也可为害幼苗、叶柄、茎、豆

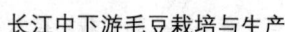

荚及豆粒。幼苗染病，子叶生半圆形或近圆形褐色斑。叶片病斑初期呈褪绿小斑点，半透明水浸状，渐变为黄色至淡褐色，扩大后呈多角形或不规则形，直径3~4mm，病斑中间深褐色至黑褐色，外围具一圈窄的褪绿晕环。植株受害严重时，病斑密布叶片，病斑融合后成枯死斑块，病斑中央常破裂脱落。湿度大时，叶上病斑背面常溢出白色菌脓。叶柄及茎部染病，病斑初呈暗褐色水渍状长条形，扩展后为不规则状，稍凹陷。荚上病斑初为红褐色小点，后变黑褐色，多集中于豆荚合缝处。种子上病斑呈不规则形，褐色，上覆一层细菌菌脓。

3. 发生规律

病菌在种子上或病残体上越冬，成为翌年的初侵染源。病菌在未腐烂的病叶中最多存活1年，在土壤中不能永久存活。播种带菌种子，出苗后即可发病，成为该病扩展中心，后病菌借风雨传播蔓延。多雨、低温的天气有利于发病，尤其是暴风雨后，叶面伤口多，有利于病菌侵入，发病重。

4. 防治措施

（1）农业防治。选用抗病品种；选用健康种子，淘汰病粒；与禾本科作物实行3年以上轮作；施用充分腐熟的有机肥；收获后及时清除田间病株残体并深翻土地，减少菌源。

（2）化学防治。播种前按种子重量0.3%的50%福美双可湿性粉剂，或种子重量0.5%~1%的20%噻菌铜悬浮剂进行拌种。发病初期喷洒30%碱式硫酸铜悬浮剂400倍液，或72%新植霉素粉剂

3 000~4 000倍液，或30%琥胶肥酸铜悬浮剂500倍液，或20%噻菌铜悬浮剂500倍液，或15%络氨铜水剂500倍液，视病情防治1~2次。

（八）紫斑病

1. 分布与为害

紫斑病在我国各大豆种植区普遍发生。该病为害的主要症状是形成紫斑病粒，病粒多龟裂、瘪小，丧失生活力，严重影响籽粒质量，但对产量影响不明显。感病品种的紫斑病粒率为15%~20%，严重时在50%以上。

2. 症状特征

紫斑病主要为害豆荚和豆粒，也可侵染叶和茎。苗期染病，子叶上产生褐色至赤褐色圆形斑，云纹状。真叶染病初生紫色圆形小点，散生，扩展后形成多角形褐色或浅灰色斑。茎秆染病形成长条状或梭形红褐色斑，严重的整个茎秆变成黑紫色，上生稀疏的灰黑色霉层。豆荚受害形成圆形或不规则形病斑，病斑较大，灰黑色，边缘不明显，干后变黑，病荚内层生不规则紫色斑，内浅外深。豆粒受害，仅在种皮表现出症状，不深入内部；病斑形状不定，大小不一。症状因品种及发病时期不同而有较大差异，多呈紫色，有的呈青黑色，在脐部四周形成浅紫色斑块，严重的整个豆粒变为紫色，有的龟裂。

3. 发病规律

病菌以菌丝体潜伏在种皮内或以菌丝体和分生孢子在病残体上

越冬，成为翌年的初侵染源。如播种带菌种子，病菌从种皮扩展到子叶，引起子叶发病并产生大量的分生孢子，然后借风雨传播到叶片、豆荚和籽粒上进行再侵染。大豆开花和结荚期多雨，气温偏高，发病重。连作地及早熟品种发病重。

4. 防治措施

（1）农业防治。选用抗病品种，一般抗病毒的品种比较抗紫斑病；大豆收获后及时清除病残体并进行秋耕，减少初侵染源；严格精选种子，淘汰病粒。

（2）化学防治。播种前，用50%福美双可湿性粉剂按种子重量的0.3%拌种，或用80%乙蒜素乳油5 000倍液浸种。开花始期、蕾期、结荚期、嫩荚期各喷1次30%碱式硫酸铜悬浮剂400倍液，或50%多·霉威可湿性粉剂1 000倍液，或80%乙蒜素乳油1 000~1 500倍液，或50%苯菌灵可湿性粉剂1 500倍液，或36%甲基硫菌灵悬浮剂500倍液。

（九）黑斑病

1. 分布与为害

黑斑病在我国大豆种植区均有发生。该病常发生于大豆生育后期，对产量影响很小。黑斑病菌还可侵染芹菜、甘蓝、莴苣、萝卜等多种作物，其寄主范围很广。

2. 症状特征

黑斑病病原菌主要为害叶片和豆荚。叶片染病，一般病斑呈不规则形，直径5~10mm，褐色，具同心轮纹，上生黑色霉层（分生

第三章 毛豆高效栽培技术

孢子梗和分生孢子)。荚上生圆形或不规则形黑斑,其上密生黑色霉层。荚皮破裂后侵染豆粒受害。

3. 发生规律

病原物多为链格孢属病菌,以菌丝体或分生孢子在大豆病叶、病荚等病残体上越冬,成为翌年的初侵染源。病菌在田间借风雨传播,进行再侵染。高温多湿天气有利于发病。

4. 防治措施

(1)农业防治。大豆收获后及时清除病株残体并深翻土地,减少初侵染源。

(2)化学防治。发病严重的地块,在发病初期选用75%百菌清可湿性粉剂600倍液,或58%甲霜·锰锌可湿性粉剂500倍液,或25%丙环唑乳油2 000~3 000倍液,或3%多抗霉素可湿性粉剂1 000~2 000倍液,或64%噁霜·锰锌可湿性粉剂500倍液均匀喷雾,视病情间隔7~10d喷施1次,防治2~3次。

(十)霜霉病

1. 分布与为害

霜霉病在我国各大豆种植区均有发生。该病可引起叶片早落或凋萎,种子受害霉变,一般发病田可减产6%~15%,种子受害率10%左右,重发病田减产30%~50%。霜霉病主要为害幼苗或成株叶片、豆荚及豆粒。种子带菌可引起幼苗发生系统侵染,但子叶不表现症状,从第一对真叶基部出现褪绿斑块,沿主脉、侧脉扩展,造成全叶褪绿,以后全株的叶片均可显症。

2. 症状特征

花期前后雨多或湿度大，病斑背面生灰色霉层，病叶转黄变褐而干枯。成株期叶片表面生圆形或不规则形病斑，黄绿色，边缘不清晰，后变褐色，叶片背面生灰白色至淡紫色霉层。发病严重时，多个病斑汇合成大的斑块，使病叶干枯。豆荚染病外部症状不明显，但荚内常出现黄色霉层，即病菌菌丝和卵孢子，受害豆粒发白、无光泽，表面附一层黄白色或灰白色粉末状霉层。

3. 发生规律

病菌以卵孢子在种子上或病残体上越冬，成为翌年的初侵染源，其中种子上附着的卵孢子是最主要初侵染源，病残体上的卵孢子侵染机会少。卵孢子随种子发芽而萌发，产生游动孢子，从寄主胚轴侵入，进入生长点，向全株蔓延成为系统侵染病害，病苗则成为田间再侵染源。病菌在田间主要借风雨传播。播种后低温多湿有利于侵染，豆株以展叶 5~6d 时最易感病，8d 已有抗病力。多雨年份发病严重。品种间抗性差异大。

4. 防治措施

（1）农业防治。选育和利用抗病品种；选用健康无病种子，严格清除病粒；增施磷、钾肥，提高植株抗病能力；实行 3 年以上轮作；及时铲除病苗，减少初侵染源。

（2）化学防治。播种前用种子重量 0.3% 的 90% 三乙膦酸铝可湿性粉剂或 35% 甲霜灵种子处理干粉剂拌种。发病初期可喷洒 40% 百菌清悬浮剂 600 倍液，或 25% 甲霜灵可湿性粉剂 800 倍液，或

58%甲霜·锰锌可湿性粉剂600倍液。对上述杀菌剂产生抗药性的地区,可改用69%烯酰·锰锌可湿性粉剂900~1 000倍液,或50%嘧菌酯水分散粒剂2 000~2 500倍液。

(十一) 褐斑病

1. 分布与为害

褐斑病在我国各豆区普遍发生,南方重于北方,主要为害叶片,造成叶片层层脱落,可致大豆减产8%~15%。

2. 症状特征

褐斑病主要为害叶片,多从植株基部叶片开始发病,逐渐向上扩展。子叶上病斑圆形,黄褐色,略凹陷,后期病斑干枯,上生微小黑点(分生孢子器)。成株期叶片上病斑受叶脉所限呈多角形,直径1~5mm,最初为黄褐色,以后逐渐变为褐色至黑褐色,后期病斑中央变灰褐色,上面产生许多小黑点。病害严重时叶片上病斑合成大斑块,致使病叶干枯,叶片自下而上逐渐脱落。叶柄和茎受到为害时,产生暗褐色、短条状、边缘不清晰的病斑。荚上的病斑为不规则褐色斑点。

3. 发生规律

病菌以分生孢子器或菌丝体在大豆病叶、病荚等病残体或种子上越冬,成为翌年的初侵染源。种子带菌引致幼苗子叶发病。在病残体上越冬的病菌释放出分生孢子,借风雨传播,先侵染植株底部叶片引起发病,然后进行重复侵染并向上部叶片蔓延。侵染叶片的温度范围为16~32℃,最适温度28℃,潜育期10~12d。温暖潮湿

天气有利于侵染发病，夜间多雾和结露持续时间长发病重。密植的大豆田发病重。

4. 防治措施

（1）农业防治。选用抗病品种；实行3年以上轮作；收获后及时清除田间病株残体并深翻土地，减少菌源。

（2）化学防治。于发病初期喷洒75%百菌清可湿性粉剂600倍液，或50%琥胶肥酸铜可湿性粉剂500倍液，或14%络氨铜水剂300倍液，或77%氢氧化铜可湿性粉剂500倍液，或12%松脂酸铜乳油600倍液，或30%碱式硫酸铜悬浮剂300倍液，或3%多抗霉素可湿性粉剂1 000~2 000倍液，间隔10d左右防治1次，防治1~2次。

（十二）炭疽病

1. 分布与为害

炭疽病普遍发生于我国各大豆种植区，严重发生时减产50%以上。

2. 症状特征

炭疽病主要为害茎秆和豆荚，也可为害幼苗和叶片。种子带菌可引起出苗前或出苗后发生腐烂或猝倒症状，可侵染子叶产生暗褐色凹陷溃疡斑，病斑可扩展至整个子叶。气候潮湿时，子叶上的溃疡斑呈水浸状，子叶很快萎蔫、脱落。子叶上的病菌可从子叶扩展到叶柄和叶片上，引起叶柄溃疡，叶片上发病可产生边缘深褐色、内部浅褐色的不规则形病斑，病斑上生粗糙刺毛状黑点，即分生孢

子盘。茎秆上病斑为椭圆形或不规则形,初生红褐色,渐变为褐色,最后变为灰色,其上密布呈不规则排列的小黑点。豆荚上病斑圆形或不规则形,红褐色,后变为灰褐色,有时呈溃疡状,略凹陷,其上密生略呈轮纹状排列的小黑点。植株受害严重时,病荚不能结实或荚内种子发霉,豆粒呈暗褐色,皱缩干瘪。

3. 发生规律

病菌以菌丝体或分生孢子盘在病株或种子上越冬,成为翌年的初侵染源。种子带菌或大豆苗期遇低温,大豆发芽出土慢,容易引起幼苗发病。大豆各生育期都可感病,但在开花至鼓粒期最易感病。高温多雨年份发病重。

4. 防治措施

(1) 农业防治。选用抗病品种及无病种子;收获后及时清除病残体、深翻,减少越冬菌源;实行3年以上轮作;合理密植,避免施氮肥过多,提高植株抗病力;勤除田间杂草,及时中耕培土;雨后及时排除积水,降低田间湿度。

(2) 化学防治。播种前用种子重量0.4%的50%多菌灵可湿性粉剂或50%异菌脲可湿性粉剂拌种,拌后闷种3~4h,也可用种子重量0.3%的10%福美·拌种灵悬浮种衣剂包衣。在大豆开花后,可选用75%百菌清可湿性粉剂800倍液,或50%多菌灵可湿性粉剂600倍液,或25%溴菌腈可湿性粉剂500倍液,或47%春雷·王铜可湿性粉剂600倍液,或50%咪鲜胺可湿性粉剂1 000倍液,每隔10d喷施1次,视病情连喷2~3次。

二、主要虫害及其防治

（一）豆蚜

1. 分布与为害

豆蚜在我国各大豆种植区均有发生。除为害大豆，还为害野生大豆、鼠李、圆叶鼠李等。成蚜、若蚜集中在豆株的顶部嫩叶、嫩茎上刺吸汁液，严重时布满整个植株的茎、叶和荚，造成大豆茎叶卷缩，根系发育不良，分枝结荚减少。苗期发生严重时可致整株枯死。轻者可致减产20%～30%，重者可致减产50%以上。此外，还可传播大豆花叶病毒病。

2. 形态特征

豆蚜具有多型多态现象。

（1）有翅孤雌蚜。长椭圆形，体长1～1.6mm，头、胸部黑色，腹部黄绿色。触角6节，与体等长，第六节鞭状部长于基部4倍；腹管圆筒形，黑色；基部比端部粗2倍，上有瓦片状纹；尾片黑色，圆锥形，具长毛7～10根；臀板末端钝圆，多细毛。

（2）无翅孤雌蚜。与有翅孤雌蚜相似，无翅，黄白色。触角5节，短于体长。腹管黑色，圆筒形，基部稍宽，有瓦片状纹。

（3）雌蚜。形态与无翅孤雌蚜相似，但进行有性繁殖。

（4）雄蚜。有翅，体狭长，腹部瘦小弯曲，外生殖器明显，有抱器1对和阳具。

（5）卵。长椭圆形，初产时黄色，渐变为绿色，最后变为光亮

的黑色。

(6) 若蚜。形态似成虫，无翅。

3. 发生规律

豆蚜在东北一年发生10多代，在河南、山东等地一年发生约20代，以卵在鼠李和圆叶鼠李枝条上芽侧或缝隙中越冬。翌年春季，鼠李鳞芽转绿到芽开绽，日均温高于10℃时，越冬卵孵化为干母（无翅孤雌蚜），孤雌蚜胎生繁殖1~2代后，产生有翅孤雌蚜迁飞至大豆田，孤雌蚜繁殖为害大豆幼苗。6月下旬至7月中旬进入为害盛期，多集中在植株顶梢和嫩叶上取食汁液。8月后由于气温和营养条件逐渐对蚜虫不利，蚜量随之减少。9月初气温下降，开始产生有翅母蚜迁回鼠李上，产生能产卵的无翅雌蚜，其与从大豆田迁飞来的有翅雄蚜交配，又把卵产在鼠李上越冬。6月下旬至7月上旬，旬平均温度22~25℃，相对湿度低于78%，有利于其大发生。

4. 防治措施

（1）农业防治。因地制宜选用优良抗蚜品种；及时铲除田边、沟边、塘边杂草，减少虫源。

（2）物理防治。利用银灰色膜避蚜和黄板诱杀蚜虫。

（3）生物防治。保护和利用瓢虫、草蛉、食蚜蝇、小花蝽、蚜小蜂、烟蚜茧蜂、菜蚜茧蜂、草间小黑蛛等天敌控制蚜虫。

（4）化学防治。当田间卷叶株率达5%~10%，或有蚜株率达20%~30%，或百株蚜量1 000头以上，气候适宜，天敌较少不能控

制时,应开展药剂防治。每亩用20%氰戊菊酯乳油10～20mL,或吡虫啉乳油30～40mL,或50%抗蚜威水分散粒剂10～15mL,兑水40～50kg,均匀喷雾;也可选用20%哒嗪硫磷乳油800倍液喷雾防治。

(二)豆天蛾

1. 分布与为害

豆天蛾在我国各大豆种植区均有发生,主要寄主植物为大豆、绿豆、豇豆和刺槐等。以幼虫取食大豆叶片,低龄幼虫吃成网孔和缺刻,高龄幼虫大发生时,可将豆株吃成光秆,使其不能结荚,局部甚至可暴发成灾。

2. 形态特征

(1)成虫。体长40～45mm,翅展100～120mm。体、翅黄褐色,有的略带绿色。头、胸背面有暗紫色纵线,腹部背面各节后缘有棕黑色横纹。前翅狭长,有6条浓色的波状横纹,近顶角有1个三角形褐色斑。后翅小,暗褐色,基部和后角附近黄褐色。

(2)卵。椭圆形或球形,初产黄白色,孵化前变褐色。

(3)幼虫。5龄老熟幼虫体长约90mm,黄绿色,体表密生黄色小突起。腹部每节两侧各有7条向背面后方倾斜的黄白色斜线。臀背具尾角1个,短而向下弯曲。

(4)蛹。长约50mm,红褐色。头部口器突出,略呈钩状,腹末臀棘三角形。

3. 发生规律

豆天蛾在河南、河北、山东、江苏等省份一年发生1代，湖北一年发生2代。以老熟幼虫在9~12cm土层越冬，越冬场所多在豆田及其附近土堆边、田埂等向阳地。1代发生区一般在6月中旬，当表土温度达24℃左右时化蛹，7月上旬为羽化盛期，7月中下旬至8月上旬为产卵盛期，7月下旬至8月下旬为幼虫发生盛期，9月上旬幼虫老熟入土越冬。2代发生区，5月上旬化蛹和羽化，第一代幼虫发生期在5月下旬至7月上旬，第二代幼虫发生期在7月下旬至9月上旬，其中以8月中下旬为为害高峰期，9月中旬后幼虫老熟入土越冬。成虫昼伏夜出，白天栖息于生长茂盛的作物茎秆中部，傍晚开始活动，飞翔力强，可做远距离高飞，有喜食花蜜的习性，对黑光灯有较强的趋性。成虫交尾后3d即能产卵，卵多散产于豆株叶背面，少数产在叶正面和茎秆上，每叶1粒或多粒，每头雌虫平均产卵350粒，卵期6~8d。幼虫共5龄，初孵幼虫有背光性，3龄后因食量增大有转株为害习性。豆天蛾在化蛹和羽化期间，如果雨水适中，分布均匀，发生就重；雨水过多，则发生期推迟；天气干旱不利于豆天蛾的发生。植株生长茂密、地势低洼、土壤肥沃的淤地发生较重。大豆品种不同，受害程度有异，以早熟、秆叶柔软、蛋白质和脂肪含量高的品种受害较重。

4. 防治措施

（1）农业防治。选择成熟晚、秆硬、皮厚、抗涝性强的抗虫品种；水旱轮作，尽量避免豆科植物连作；及时秋耕、冬灌，降低越

冬基数。

(2) 物理防治。利用成虫较强的趋光性，设置黑光灯、杀虫灯诱杀成虫。

(3) 生物防治。用杀螟杆菌或青虫菌（每克含孢子量80亿~100亿）500~700倍液，每亩用菌液50kg。或利用赤眼蜂、寄生蝇、草蛉、瓢虫等天敌。

(4) 化学防治。于幼虫3龄前喷药防治。可选用90%晶体敌百虫800~1 000倍液，或45%马拉硫磷乳油1 000~1 500倍液，或5%丁烯氟虫腈悬浮剂3 000倍液，或20%杀灭菊酯乳油2 000倍液，或16 000IU/mg苏云金杆菌可湿性粉剂300~500倍液，均匀喷雾。

(三) 豆秆黑潜蝇

1. 分布与为害

豆秆黑潜蝇广泛分布于我国南方、黄淮等大豆种植区。主要为害大豆，还为害绿豆、赤豆、四季豆、豇豆、毛豆（青大豆）等豆科植物，在白菜、菜心、芥蓝等蔬菜作物上也可发生为害。幼虫在作物主茎、侧枝和叶柄内钻蛀为害，形成隧道，影响水分、养分的输导，使受害作物叶片黄化，植株矮小，严重时枯死。苗期受害，多造成根茎部肿大，叶柄表面褐色，全株铁锈色，比健株显著矮化，重者茎中空，叶脱落，以致死亡。成株期受害则造成豆荚减少，秕粒增多，对作物产量、品质影响极大。

2. 形态特征

(1) 成虫。体长2.5mm左右，黑色，腹部有蓝绿色光泽。复

第三章 毛豆高效栽培技术

眼暗红色；触角3节，第三节钝圆，其背面中央生有1根长于触角3倍的触角芒。前翅膜质透明，有淡紫色金属光泽，亚前缘脉发达，平衡棍全黑色。

(2) 卵。椭圆形，初呈乳白色，稍透明，渐变为淡黄色。

(3) 幼虫。蛆形，体长2.4~2.6mm，淡黄白色或粉红色。口钩黑色，第一腹节上生有1对很小的前气门，第八腹节有1对淡灰棕色后气门。

(4) 蛹。长筒形，黄棕色，半透明。

3. 发生规律

豆秆黑潜蝇在广西一年发生13代以上，河南、江苏一年发生4~5代，浙江、福建一年发生6~7代。一般以蛹在大豆或其他寄主根茬和茎秆中越冬，从4月上旬开始羽化，部分可延迟至6月上中旬羽化。成虫飞翔力弱，多集中在豆株上部叶面活动，常以腹末端刺破豆叶表皮，吸食汁液，致使叶面呈白色斑点的小伤孔。卵多散产于大豆上部叶背表皮下。初孵幼虫在叶内蛀食，形成弯曲透明的隧道，再经叶脉、叶柄蛀食髓部和木质部。老熟幼虫先向茎外蛀一羽化孔，后在孔口附近化蛹。6—7月降水较多，有利于其发生。寄生蜂对此虫有较大抑制作用。

4. 防治措施

(1) 农业防治。作物收获后，及时处理秸秆和根茬，减少越冬虫源；发生严重田块，换种芝麻或玉米等其他作物1年，可降低发生为害程度。

(2) 化学防治。成虫盛发期至幼虫蛀食之前，可采用75%灭蝇胺可湿性粉剂5 000倍液，或5%丁烯氟虫腈悬浮剂1 500倍液，或5%氟虫脲可分散液剂1 000~1 500倍液，均匀喷雾，间隔6~7d喷1次。豆株苗期是防治重点。

（四）美洲斑潜蝇

1. 分布与为害

美洲斑潜蝇在全国20多个省份均有分布。成、幼虫除为害豆类外，还为害黄瓜、南瓜、西瓜、甜瓜、芥菜、番茄、辣椒、茄子、马铃薯、苜蓿、蓖麻等，雌成虫飞翔，以产卵器把植物叶片刺伤，进行取食和产卵，幼虫潜入叶片和叶柄为害，产生不规则蛇形白色虫道，叶绿素被破坏，影响光合作用，受害重的叶片干枯脱落，造成花芽、果实被灼伤，严重的造成毁苗。美洲斑潜蝇发生初期虫道呈不规则线状伸展，虫道终端常明显变宽，可区别于番茄斑潜蝇。

2. 形态特征

(1) 成虫。体长1.3~2.3mm，浅灰黑色，胸背板亮黑色，体腹面黄色，雌虫体比雄虫大。

(2) 卵。米色，半透明，大小（0.2~0.3）mm×（0.1~0.15）mm。

(3) 幼虫。蛆状，初无色，后变为浅橙黄色至橙黄色，长3mm，后气门突呈圆锥状突起，顶端3个分叉，各具1个开口。

(4) 蛹。椭圆形，橙黄色，腹面稍扁平，大小（1.7~2.3）mm×（0.5~0.7）mm。

3. 发生规律

美洲斑潜蝇成虫以产卵器刺伤叶片，吸食汁液，雌虫把卵产在叶表皮下，卵经2~5d孵化，幼虫期4~7d，末龄幼虫咬破叶表皮在叶外或土表下化蛹，蛹经7~14d羽化为成虫，夏季2~4周完成1世代，冬季6~8周完成1世代，世代短，繁殖能力强。

4. 防治措施

（1）农业防治。及时清洁田园，把被美洲斑潜蝇为害作物的残体集中进行深埋、沤肥或烧毁。

（2）物理防治。采用灭蝇纸诱杀成虫，在成虫始盛期至盛末期，每亩设置15个诱杀点，每个点放置1张诱蝇纸诱杀成虫，3~4d更换1次。

（3）化学防治。掌握成虫盛发期，及时喷药防治成虫，防止成虫产卵；或在幼虫低龄期喷药防治，可用50%敌敌畏乳油800倍液，或1.8%阿维菌素乳油1 500~3 000倍液，或5%定虫隆乳油1 000~2 000倍液，或5%氟虫脲乳油2 000倍液，或20%氰戊菊酯乳油1 500~2 000倍液喷雾，连续喷2~3次。

（五）大豆食心虫

1. 分布与为害

大豆食心虫在东北、华北、华中等大豆种植区都有发生。食性单一，主要为害大豆，也取食野生大豆和苦参。幼虫蛀入豆荚咬食豆粒成破瓣，豆荚内充满虫粪，降低产量和品质。一般发生年份，虫食率为10%左右，严重时达30%~40%，甚至高达70%~80%，是我国大豆产区主要害虫之一。

2. 形态特征

（1）成虫。体长 5~6mm，翅展 12~14mm，黄褐色至暗灰色。前翅略呈长方形，沿翅前缘约有 10 条紫色短斜纹，翅外缘臀角上方有一银灰色椭圆形斑，内有 3 条紫褐色小横纹。腹部纺锤形，黑褐色。

（2）卵。椭圆形，初呈白色，渐变为橙黄色，表面有光泽。

（3）幼虫。共 5 龄。初孵时黄白色，后变为淡黄色或橙黄色，老熟时红色，头及前胸背板黄褐色，体长 8~10mm。

（4）蛹。长纺锤形，长约 6mm，黄色。土茧长椭圆形。

3. 发生规律

大豆食心虫一年发生 1 代，以老熟幼虫在土中结茧越冬。在华中地区，越冬幼虫于 7 月下旬开始破茧化蛹，7 月底至 8 月初为化蛹盛期，8 月上中旬为羽化盛期，8 月下旬为产卵盛期，8 月底至 9 月初进入孵化盛期，幼虫在豆荚内为害 20~30d 老熟，9 月中旬至 10 月上旬陆续脱荚入土越冬。成虫产卵于大豆嫩荚上，每荚 1 粒。幼虫孵化后多从豆荚边缘合缝附近蛀入，先吐丝结成细长形薄白丝网，在其中咬食荚皮穿孔进入荚内为害。大豆收割前后，老熟幼虫在豆荚边缘穿孔脱荚，入土越冬。雨量多、土壤湿度大，有利于化蛹、成虫羽化和幼虫脱荚入土。少雨干旱对其发生不利。大豆连作受害重，轮作发生轻。低洼地比平地、岗地发生重。

4. 防治措施

（1）农业防治。选用抗虫或耐虫品种；合理轮作，尽量避免重

茬，实行远距离大区域轮作，水旱轮作效果更好；及时收割运出并清理田间落荚枯叶，进行秋翻秋耙，破坏食心虫越冬场所。

（2）生物防治。在成虫产卵期释放赤眼蜂；在老熟幼虫入土前，用白僵菌防治脱荚幼虫。

（3）化学防治。8月上中旬成虫初盛期，每亩用80%敌敌畏乳油100~150mL，将高粱秆或玉米秆切成20cm长，吸足药液制成药棒40~50根，熏蒸防治成虫。在卵孵化盛期，每亩用2.5%高效氯氟氰菊酯乳油1 500倍液，或2.5%溴氰菊酯乳油15~20g，兑水40~50kg，喷雾防治。施药时间以上午为宜，重点喷洒植株上部。

（六）豆荚螟

1. 分布与为害

豆荚螟分布北起吉林、内蒙古，南至台湾、广东、广西、云南。除为害大豆外，还为害豌豆、扁豆、豇豆、菜豆、四季豆、蚕豆等多种豆科植物。幼虫食害豆叶、花及豆荚，常卷叶为害或蛀入荚内取食幼嫩豆粒，严重时吃空整个豆粒，是大豆重要害虫之一。

2. 形态特征

（1）成虫。体长10~12mm，翅展20~24mm，暗黄褐色。前翅狭长，沿前缘有1条白色纵带，近翅基1/3处有1条黄褐色宽横带；后翅黄白色，沿外缘褐色。

（2）卵。椭圆形，初产时乳白色，渐变为红色，孵化前呈浅橘黄色，表面密布不明显的网状纹。

（3）幼虫。5龄，老熟幼虫体长约18mm，体黄绿色，头部及

前胸背板褐色。背面紫红色，腹面绿色，前胸背板上有"人"字形黑斑，两侧各有1个黑斑。后缘中央也有2个小黑斑。

（4）蛹。黄褐色，长9~10mm，腹端尖细，并有6个细钩。蛹外包有白色丝质的椭圆形茧，外附有土粒。

3. 发生规律

豆荚螟在河南、江苏、安徽一年发生4~5代，在广东一年发生7~8代。以老熟幼虫在大豆及晒场周围土中越冬。翌年4月下旬至6月成虫羽化。成虫昼伏夜出，趋光性弱，飞翔力也不强。卵主要产在豆荚上。幼虫孵化后先在豆荚上作一丝茧，由茧内蛀入荚中食害豆粒。2~3龄幼虫有转荚为害习性，幼虫老熟后离荚入土，结茧化蛹。

4. 防治措施

（1）农业防治。选种早熟丰产、结荚期短、少毛或无毛的品种；与非豆科作物轮作；及时翻耕整地或除草松土，杀死越冬幼虫和蛹。

（2）生物防治。成虫产卵盛期释放赤眼蜂。

（3）化学防治。成虫盛发期和卵孵化盛期，可每亩用20%氯虫苯甲酰胺悬浮剂10mL，兑水40~50kg喷雾，或选用90%晶体敌百虫800~1 000倍液，或50%杀螟硫磷乳油1 000倍液，或2.5%溴氰菊酯乳油3 000倍液，或20%氰戊菊酯乳油2 000~3 000倍液喷雾，连喷1~2次。

(七) 豆叶螨

1. 分布与为害

豆叶螨在北京、河南、浙江、江苏、四川、云南、湖北、福建及台湾等地有分布。除为害大豆外，还为害菜豆、荏草、益母草等。常群集叶背或卷须上吸食汁液，形成白色斑痕，严重时导致叶片干枯或呈火烧状。有吐丝拉网习性。

2. 形态特征

(1) 雌螨。体长0.46mm，宽0.26mm。体深红色，椭圆形，体侧具黑斑。须肢端感器柱形，长是宽的2倍，背感器梭形，较端感器短。气门沟末端弯曲呈"V"形。有26根背毛。

(2) 雄螨。体长0.32mm，宽0.6mm，体黄色，有黑斑。须肢端感器细长，长是宽的2.5倍，背感器短。阳具末端形成端锤，阳茎的远侧突起比近侧突起长6~8倍，是与其他叶螨相区别的重要特征。

3. 发生规律

豆叶螨在北方地区一年发生10代左右，在台湾一年发生21代，以雌成螨在缝隙或杂草丛中越冬。夏季是发生盛期，繁殖蔓延速度很快；冬季在豆科植物、杂草、茶树近地面叶片上栖息，全年世代平均天数为41d。发育适温17~28℃，卵期5~10d，从幼螨发育到成螨需5~10d。降水少、天气干旱的年份易发生。

4. 防治措施

(1) 农业防治。大豆生长期发现有少量受害植株，可摘除虫叶

烧毁，如遇有干旱天气应及时灌溉和施肥，促进植株生长，抑制叶螨增殖；收获后及时清除田内外枯枝落叶和杂草，集中烧毁或深埋，减少虫源。

（2）化学防治。在点片发生阶段，可选用5%唑螨酮乳油2 000倍液，或5%氟虫脲可分散液剂1 500倍液，或73%克螨特乳油1 000~1 500倍液，或20%哒螨酮可湿性粉剂1 500倍液喷雾防治。

（八）甜菜夜蛾

1. 分布与为害

甜菜夜蛾又称贪夜蛾、玉米小夜蛾，该虫分布广泛，在我国各地均有发生。寄主植物有170余种，除为害大豆外，还为害芝麻、玉米、麻类、烟草、棉花、甜菜、青椒、茄子、马铃薯、黄瓜、西葫芦、豇豆、胡萝卜、芹菜、菠菜、韭菜、大葱等多种作物。初孵幼虫群集叶背，吐丝结网，在网内取食叶肉，留下表皮，形成透明的小孔。3龄后分散为害，可将叶片吃成孔洞或缺刻，严重时仅剩叶脉和叶柄，造成幼苗死亡，缺苗断垄，甚至毁种，对产量影响大。

2. 形态特征

（1）成虫。体长8~10mm，翅展19~25mm，灰褐色，头、胸有黑点。前翅中央近前缘外方有1个肾形斑，内方有1个土红色圆形斑；后翅银白色，翅脉及缘线黑褐色。

（2）卵。圆球状，白色，成块产于叶面或叶背，每块8~100粒不等，排为1~3层，因外面覆有雌蛾脱落的白色绒毛，不能直

第三章 毛豆高效栽培技术

接看到卵粒。

(3) 幼虫。共5龄,少数6龄。末龄幼虫体长约22mm,体色变化很大,有绿色、暗绿色、黄褐色、褐色至黑褐色,背线有或无,颜色各异。腹部气门下线为明显的黄白色纵带,有时带粉红色,直达腹部末端,不弯到臀足上去,是区别于甘蓝夜蛾的重要特征,各节气门后上方具1个明显白点。

(4) 蛹。长10mm,黄褐色,中胸气门外突。

3. 发生规律

甜菜夜蛾在黄河流域一年发生4~5代,长江流域一年5~7代,世代重叠。通常以蛹在土室内越冬,少数以老熟幼虫在杂草上及土缝中越冬,冬暖时仍见少量取食。亚热带和热带地区可周年发生,无越冬休眠现象。成虫昼伏夜出,白天隐藏在杂草、土块、土缝、枯枝落叶处,夜间出来活动,有2个活动高峰期,即19—20时和5—7时进行取食、交配、产卵,成虫趋光性强。卵多产于叶背面、叶柄部或杂草上,卵块1~3层排列,上覆白色绒毛。幼虫共5龄(少数6龄),3龄前群集为害,但食量小,4龄后食量大增,昼伏夜出,有假死性,虫口过大时幼虫可互相残杀。幼虫转株为害常从18时以后开始。常年发生期为7—9月,南方如春季雨水少、梅雨明显提前、夏季炎热,则秋季发生严重。幼虫和蛹抗寒力弱,北方地区越冬死亡率高,呈间歇性局部猖獗为害。

4. 防治措施

(1) 农业防治。秋末冬初耕翻可消灭部分越冬蛹;春季3—4

月除草,消灭杂草上的低龄幼虫;结合田间管理,摘除叶背面卵块和低龄幼虫窝,集中消灭。

(2)物理防治。成虫发生期,集中连片应用频振式杀虫灯、450W 高压汞灯、20W 黑光灯、性诱剂诱杀成虫。

(3)生物防治。保护利用自然天敌。甜菜夜蛾天敌主要有草蛉、猎蝽、蜘蛛、步甲等,要注意保护利用。在卵孵化盛期至低龄幼虫期,每亩用 5 亿/g 甜菜夜蛾核型多角体病毒悬浮剂 120~160mL,或16 000IU/mg 苏云金杆菌可湿性粉剂 50~100g 兑水喷雾。

(4)化学防治。1~3 龄幼虫高峰期,用 20%灭幼脲悬浮剂 800 倍液,或 5%氟铃脲乳油 3 000 倍液,或 5%氟虫脲分散剂 3 000 倍液喷雾。甜菜夜蛾幼虫晴天 18 时后会向植株上部迁移,因此应在傍晚喷药防治,注意叶面、叶背均匀喷雾,使药液能直接喷到虫体及其为害部位。

(九)斜纹夜蛾

1. 分布与为害

斜纹夜蛾又名莲纹夜蛾、斜纹夜盗蛾,在我国各地均有分布,以长江流域和黄河流域发生严重。此虫食性杂,寄主植物广泛,除为害豆类外,在蔬菜上可为害甘蓝、白菜、莲藕、芋头、苋菜、马铃薯、茄子、辣椒、番茄、瓜类、菠菜、韭菜、葱类等,大田作物上还为害甘薯、芝麻、烟草、向日葵、甜菜、玉米、高粱、水稻、棉花等多种作物。以幼虫为害大豆叶片为主,低龄幼虫在叶背取食下表皮和叶肉,留下上表皮和叶脉形成窗纱状;高龄幼虫可蛀食豆

荚,取食叶片形成孔洞和缺刻。种群数量大时,可将植株吃成光秆或仅留叶脉。

2. 形态特征

(1) 成虫。体长 14~21mm,展翅 33~42mm。体深褐色,头、胸、腹褐色。前翅灰褐色,内外横线灰白色,有白色条纹和波浪纹,前翅环纹及肾纹白边;后翅半透明,白色,外缘前半部褐色。

(2) 卵。半球形,卵粒常常 3~4 层重叠成块,卵块椭圆形,上覆黄褐色绒毛。

(3) 幼虫。体长 35~47mm,头部黑褐色,胸腹部颜色变化较大,虫口密度大时体黑色,数量少时,多为土黄色或绿色。成熟幼虫背线及气门下线灰白色,中胸及第九腹节背面各有近似半月形或三角形黑褐色斑 1 对,各节气门前上方或上方各有 1 个黑褐色不规则斑点。

(4) 蛹。赤褐色至暗褐色。腹第四节背面前缘及第 5~7 节背、腹面前缘密布圆形刻点。气门黑褐色,呈椭圆形。腹端有臀棘 1 对,短,尖端不成钩状。

3. 发生规律

斜纹夜蛾在长江流域一年发生 5~6 代,黄河流域一年发生 1~5 代,华南地区可终年繁殖。6—10 月为发生期,以 7—8 月为害严重。以蛹越冬,翌年 3 月羽化。成虫昼伏夜出,黄昏开始活动,对灯光、糖醋液、发酵的胡萝卜和豆饼等有强趋性。成虫有随气流迁飞习性,早春由南向北迁飞,秋天又由北向南迁飞。卵块上面覆盖绒毛。幼虫共6龄，老熟幼虫做土室或在枯叶下化蛹。初孵幼虫群栖，能吐丝随风扩散。2龄后分散为害，3龄后多隐藏于荫蔽处，4龄后进入暴食期，以21—24时取食量最大。斜纹夜蛾为喜温性害虫，最适温度28~30℃，抗寒力弱。水肥条件好、生长茂密田块发生严重。土壤干燥对其化蛹和羽化不利，大雨和暴雨对低龄幼虫和蛹均有不利影响。

4. 防治措施

（1）农业防治。卵盛发期晴天9时前或16时后，迎着阳光人工摘除卵块或初孵"虫窝"。

（2）生物防治。利用自然天敌。斜纹夜蛾自然天敌主要有草蛉、猎蝽、蜘蛛、步甲等，作物田尽量少用化学农药，可减少对天敌的杀伤。卵孵化盛期至低龄幼虫期，每亩用10亿多角体病毒/g斜纹夜蛾核型多角体病毒可湿性粉剂40~50g兑水喷雾，或100亿孢子/mL短稳杆菌悬浮剂800~1 000倍液喷雾。

（3）物理防治。利用频振式杀虫灯、黑光灯、糖醋液或豆饼、甘薯发酵液诱杀成虫。

（4）化学防治。卵孵化盛期至低龄幼虫期，用2.5%溴氰菊酯乳油2 000~3 000倍液，或48%毒死蜱乳油1 000倍液，或20%灭幼脲悬浮剂800倍液，或1%苦皮藤素水乳剂800~1 000倍液，或1.8%阿维菌素乳油1 000倍液均匀喷雾。

（十）棉铃虫

1. 分布与为害

棉铃虫又称钻桃虫、钻心虫等，分布广，食性杂，可为害大

豆、棉花、玉米、高粱、小麦、水稻、烟草、芝麻、番茄、菜豆、豌豆、苜蓿、向日葵等多种农作物。以幼虫蛀食花、豆荚为主，也为害嫩茎、叶和芽。豆荚常被钻蛀，钻孔造成雨水、病菌流入引起腐烂，严重影响大豆的产量和质量。

2. 形态特征

（1）成虫。体长15~20mm，前翅颜色变化大，雌蛾多黄褐色，雄蛾多绿褐色，外横线有深灰色宽带，带上有7个小白点，肾形纹和环形纹暗褐色。

（2）卵。近半球形，初产时乳白色，近孵化时紫褐色。

（3）幼虫。体长40~45mm，头部黄褐色，气门线白色，体背有十几条细纵线条，各腹节上有刚毛疣12个，刚毛较长。2根前胸侧毛的连线与前胸气门下端相切，这是区分棉铃虫幼虫与烟青虫幼虫的主要特征。体色变化多，大致分为黄白色、黄色红斑、灰褐色、土黄色、淡红色、绿色、黑色、咖啡色、绿褐色9种。

（4）蛹。长17~20mm，纺锤形，黄褐色，5~7腹节前缘密布比体色略深的刻点，尾端有臀刺2个。

3. 发生规律

棉铃虫在辽宁一年发生3代，在西北一年发生3~5代，在黄河流域一年发生4代，在长江流域一年发生4~5代，在华南一年发生6~8代。以滞育蛹在3~10cm深的土中越冬，黄河流域4月中旬至5月上旬气温15℃以上时开始羽化。1代主要为害小麦和春玉米等作物，2~4代主要在豆类、棉花、玉米、番茄等作物上为害，4代还为

害高粱、向日葵和越冬苜蓿等。在大豆上，成虫卵多产在大豆中上部的嫩梢、嫩叶、幼荚、花萼和茎基上。幼虫共6龄，少数5龄或7龄。1龄、2龄幼虫有吐丝下垂习性，3龄后转移为害，4龄后食量大增。幼虫3龄前多在叶面活动为害，是施药防治的最佳时机。末龄幼虫入土化蛹，土室具有保护作用，羽化后成虫沿原道爬出土面后展翅。各虫态发育最适温度为25~28℃，相对湿度为70%~90%。成虫有趋光性，对半枯萎的杨树枝有很强的趋性。幼虫有自残习性。

4. 防治措施

（1）农业防治。秋田收获后，及时深翻耙地，冬灌，可消灭大量越冬蛹；选用抗虫、耐虫品种。

（2）物理防治。诱杀成虫。成虫发生期，集中连片应用频振式杀虫灯、450W高压汞灯、20W黑光灯、棉铃虫性诱剂诱杀成虫。

诱集成虫。第2、3代棉铃虫成虫羽化期，可插萎蔫的杨树枝把诱集成虫，每亩10~15把，每天清晨日出之前集中捕杀成虫；在豆田边种植春玉米、高粱、洋葱、胡萝卜等作物形成诱集带，可诱集棉铃虫产卵，集中杀灭。

（3）生物防治。棉铃虫寄生性天敌主要有姬蜂、茧蜂、赤眼蜂、真菌、病毒等，捕食性天敌主要有瓢虫、草蛉、捕食蝽、胡蜂、蜘蛛等，对棉铃虫有显著的控制作用。从第二代开始，每代棉铃虫卵始盛期人工释放赤眼蜂3次，每次隔5~7d，放蜂量为每次每亩1.2万~1.4万头，每亩均匀放置5~8点。棉铃虫卵始盛期，每亩16 000 IU/mL苏云金杆菌可湿性粉剂100~150mL，或10亿多角体病毒/g棉

铃虫核型多角体病毒可湿性粉剂 80~100g 兑水 40kg 喷雾。

（4）化学防治。幼虫 3 龄前选用 50%辛硫磷乳油 1 000~1 500 倍液，或 4.5%高效氯氰菊酯乳油 2 500~3 000 倍液，或 2.5%溴氰菊酯乳油 2 500~3 000 倍液均匀喷雾。

（十一）豆叶东潜蝇

1. 分布与为害

豆叶东潜蝇在河南、河北、山东、江苏、福建、四川、广东、云南等地均有分布。主要寄主为大豆，也可为害其他豆科蔬菜。幼虫在叶片内潜食叶肉，仅留表皮，叶面上呈现直径 1~2cm 的白色膜状斑块，每叶可有 2 个以上斑块，影响作物生长。

2. 形态特征

（1）成虫。小型蝇，翅长 2.4~2.6mm。具小盾前鬃及 2 对背中鬃，小盾前鬃长度较第一背中鬃的一半稍长，体黑色。单眼，三角尖仅达第一上眶鬃，颊狭，约为眼高的 1/10。平衡棍棕黑色，但端部白色。

（2）幼虫。体长约 4mm，黄白色，口钩每颗具有 6 个齿。前气门短小，结节状，有 3~5 个开孔；后气门平覆在第八腹节后部背面大部分，有 31~57 个开孔，排成 3 个羽状分支。

（3）蛹。红褐色，卵形，节间明显缢缩，体下方略平凹。

3. 发生规律

豆叶东潜蝇每年发生 3 代以上，7—8 月发生多。成虫多在上层叶片上活动，卵产在叶片上，豆株上部嫩叶受害最重，幼虫老熟后

入土化蛹。多雨年份发生严重。

4. 防治措施

（1）农业防治。加强田间管理，注意通风透光，雨后及时排除田间积水。

（2）化学防治。成虫大量活动期，幼虫未潜叶之前是防治适期。可选用2.5%高效氯氟氰菊酯乳油2 000倍液，隔7~10d喷1次，连续防治2~3次。地边、道边等处的杂草上也是成虫的聚集地，应进行防治。统一防治效果更好。

（十二）小绿叶蝉

1. 分布与为害

小绿叶蝉在全国各地普遍发生。主要为害豆科作物、禾本科作物、十字花科蔬菜、果树以及棉花、马铃薯等作物。以成虫、若虫吸食植株汁液，受害叶片出现白色斑点，严重时叶片苍白早落。

2. 形态特征

（1）成虫。体长3.3~3.7mm，淡黄绿色。头背面略短，向前突，喙微褐色，基部绿色。前胸背板、小盾片浅绿色，常具有白色斑点。前翅半透明，淡黄白色，周缘具淡绿色细边；后翅透明膜质。

（2）卵。香蕉形，乳白色。

（3）若虫。体长2.5~3.5mm，与成虫相似。

3. 发生规律

小绿叶蝉一年发生4~6代。以成虫在落叶、杂草中越冬或低矮绿色植物中越冬，翌年春季开始为害，8—9月虫口数量最多，

第三章 毛豆高效栽培技术

为害最重,秋后以末代成虫越冬。成虫善跳,可借风力扩散。成虫、若虫喜白天活动,在叶背刺吸汁液或栖息。

4. 防治措施

(1) 农业防治。秋季和春季及时清除田间及地边杂草,减少越冬虫源。

(2) 药剂防治。在各代若虫孵化盛期,及时喷施 2.5%溴氰菊酯乳油 3 000 倍液,或 25%速灭威可湿性粉剂 600~800 倍液,或 1.8%阿维菌素乳油 3 000~4 000 倍液,或 2.5%氟氯氰菊酯乳油 3 000 倍液,或 10%吡虫啉可湿性粉剂 2 500 倍液。

(十三) 地老虎

1. 分布与为害

地老虎又称土蚕、地蚕、黑土蚕、黑地蚕,主要种类有小地老虎、黄地老虎、大地老虎和八字地老虎等。小地老虎在我国各地均有发生,黄地老虎主要分布在西北和黄河流域。地老虎食性较杂,除为害大豆外,还可为害棉花、玉米、烟草、芝麻和多种蔬菜等作物,也取食藜、小蓟等杂草,是多种作物苗期的主要害虫。幼虫在土中咬食种子、幼芽,老龄幼虫可将幼苗基部咬断,造成缺苗断垄,1龄、2龄幼虫啃食叶肉,残留表皮呈"窗孔状"。子叶受害,可形成很多孔洞或缺刻。1头地老虎幼虫一生可为害 3~5 株幼苗,多的达 10 株以上。

2. 形态特征

(1) 小地老虎。

①成虫:体长 17~23mm,灰褐色,前翅有肾形斑、环形斑和

棒形斑。肾形斑外边有1个明显的尖端向外的楔形黑斑，亚缘线上有2个尖端向里的楔形斑，3个楔形斑相对，易识别。

②幼虫：老熟幼虫体长37～50mm，头部褐色，有不规则褐色网纹，臀板上有2条深褐色纵纹。

③蛹：体长18～24mm，第4～7节腹节基部有一圈刻点，在背面的大而深，末端具1对臀刺。

(2) 黄地老虎。

①成虫：体长14～19mm，前翅黄褐色，有1个明显的黑褐色肾形斑和黄色斑纹。

②幼虫：老熟幼虫体长33～45mm，头部深黑褐色，有不规则的深褐色网纹，臀板有2个大块黄褐色斑纹，中央断开，有分散的小黑点。

(3) 大地老虎。

①成虫：体长25～30mm，前翅前缘棕黑色，其余灰褐色，有棕黑色的肾状斑和环形斑。

②幼虫：老熟幼虫体长41～60mm，黄褐色，体表多皱纹，臀板深褐色，布满龟裂状纹。

3. 发生规律

小地老虎在黄河流域一年发生3～4代，在长江流域一年发生4～6代，以幼虫或蛹越冬，黄河以北不能越冬。卵产在土块、地表缝隙、土表的枯草茎和根须上以及农作物幼苗和杂草叶片的背面。1代卵孵化盛期在4月中旬，4月下旬至5月上旬为幼虫盛发期，阴凉潮湿、杂草多、湿度大的田块虫量多，发生重。

黄地老虎在西北地区一年发生2~3代,在黄河流域一年发生3~4代,以老熟幼虫在土中越冬,翌年3—4月化蛹,4—5月羽化,成虫发生期比小地老虎晚20~30d,5月中旬进入1代卵孵化盛期,5月中下旬至6月中旬进入幼虫为害盛期。黄地老虎只有第一代幼虫为害秋苗。一般在土壤黏重、地势低洼和杂草多的田块发生较重。

大地老虎在我国一年发生1代,以幼虫在土中越冬,翌年3—4月出土为害,4—5月进入为害盛期,9月中旬后化蛹羽化,在土表和杂草上产卵,幼虫孵化后在杂草上生活一段时间后越冬,其他习性与小地老虎相似。

4. 防治措施

(1) 农业防治。播前精细整地,清除杂草,苗期灌水,可消灭部分害虫。

(2) 物理防治。成虫发生期用频振式杀虫灯、黑光灯、杨树枝把、新鲜的桐树叶和糖醋液(糖∶醋∶酒∶水=6∶3∶1∶10)等方法可诱杀地老虎成虫。

(3) 生物防治。地老虎的主要天敌有寄生蜂、步甲、虎甲等,应保护利用天敌。

(4) 化学防治

①毒饵诱杀:地老虎幼虫发生期,用90%晶体敌百虫100g兑水1 000g混匀后喷洒在5kg炒香的麦麸或砸碎炒香的棉籽饼上拌匀,配制成毒饵,傍晚顺垄撒施在幼苗附近可诱杀幼虫。

②药剂防治:低龄幼虫发生期,用90%晶体敌百虫1 000倍液,

或40%辛硫磷乳油1 500倍液，或20%氰戊菊酯乳油1 500～2 000倍液喷雾，注意辛硫磷浓度不能超过1 000倍液，避免产生药害。

（十四）蛴螬

1. 分布与为害

蛴螬是鞘翅目金龟甲总科幼虫的总称，在我国为害最重的是大黑鳃金龟、暗黑鳃金龟和铜绿丽金龟。大黑鳃金龟国内除西藏尚未报道外，各省份均有分布。暗黑鳃金龟各省份均有分布，是长江流域及其以北旱作地区的重要地下害虫。铜绿丽金龟国内除西藏、新疆尚未报道外，其他各省份均有分布，但以气候较湿润且果树、林木多的地区发生较多。蛴螬类食性很杂，可以为害多种农作物、牧草及果树和林木的幼苗。蛴螬取食萌发的种子，咬断幼苗的根、茎，轻则缺苗断垄，重则毁种绝收。蛴螬为害幼苗的根、茎，断口整齐平截，易于识别。许多种类的成虫还喜食农作物和果树的叶片、嫩芽、花蕾等，造成严重损失。

2. 形态特征

（1）大黑鳃金龟。

①成虫：体长16～22mm，宽8～11mm。黑色或黑褐色，具光泽。触角10节，鳃片部3节呈黄褐色或赤褐色，约为其后6节的长度。鞘翅长椭圆形，其长度为前胸背板宽度的2倍，每侧有4条明显的纵肋。前足胫节外齿3个；中、后足胫节末端距2根。臀节外露，背板向腹下包卷，与腹板相会合于腹面。雄性前臀节腹板中间具明显的三角形凹坑，雌性前臀节腹板中间无三角形凹坑，但具1个横向的枣红色菱形隆起骨片。

②卵：初产时长椭圆形，长约2.5mm，宽约1.5mm，白色略带黄绿色光泽；发育后期近圆球形，长约2.7mm，宽约2.2mm，洁白有光泽。

③幼虫：3龄幼虫体长35~45mm，头宽4.9~5.3mm。头部前顶刚毛每侧3根，其中冠缝侧2根，额缝上方近中部1根。内唇端感区刺多为14~16根，感区刺与感前片之间除具6个较大的圆形感觉器外，尚有6~9个小圆形感觉器。肛腹板后覆毛区无刺毛列，只有状毛散乱排列，多为70~80根。

④蛹：长21~23mm，宽11~12mm，化蛹初期为白色，以后变为黄褐色至红褐色，复眼的颜色依发育进度由白色依次变为灰色、蓝色、蓝黑色至黑色。

(2) 暗黑鳃金龟。

①成虫：体长17~22mm，宽9.0~11.5mm。长卵形，暗黑色或红褐色，无光泽。前胸背板前缘具有成列的褐色长毛。鞘翅伸长，两侧缘几乎平行，每侧4条纵肋不显。腹部臀节背板不向腹面包卷，与肛腹板相会合于腹末。

②卵：初产时长约2.5mm，宽约1.5mm，长椭圆形；发育后期呈近圆球形，长约2.7mm，宽约2.2mm。

③幼虫：3龄幼虫体长35~45mm，头宽5.6~6.1mm。头部前顶刚毛每侧1根，位于冠缝侧。内唇端感区刺多为12~14根；感区刺与感前片之间除具有6个较大的圆形感觉器外，尚有9~11个小的圆形感觉器。肛腹板后部覆毛区无刺毛列，只有散乱排列的钩状毛70~80根。

④蛹：长20~25mm，宽10~12mm，腹部背面具发音器2对，

分别位于腹部第4、5节和第5、6节交界处的背面中央，尾节呈三角形，2尾角呈钝角岔开。

（3）铜绿丽金龟。

①成虫：体长19~21mm，宽10~11.3mm。背面铜绿色，其中头、前胸背板、小盾片色较浓，鞘翅色较淡，有金属光泽。唇基前缘、前胸背板两侧呈淡黄褐色。鞘翅两侧具不明显的纵肋4条，肩部具疣状突起。臀板三角形，黄褐色，基部有1个倒的正三角形大黑斑，两侧各有1个小椭圆形黑斑。

②卵：初产时椭圆形，长1.65~1.93mm，宽1.30~1.45mm，乳白色；孵化前呈圆球形2.37~2.62mm，宽2.06~2.28mm，卵壳表面光滑。

③幼虫：3龄幼虫体长30~33mm，头宽4.9~5.3mm。头部前顶刚毛每侧6~8根，排成一纵列。内唇端感区刺大多3根，少数为4根；感区刺与感前片之间具圆形感觉器9~11个，居中3~5个较大。肛腹板后部覆毛区刺毛列由长针状刺毛组成，每侧多为15~18根，两列刺毛尖端大多彼此相遇或交叉，仅后端稍许岔开些，刺毛列的前端远没有达到钩状刚毛群的前部边缘。

④蛹：长18~22mm，宽9.6~10.3mm，体稍弯曲，腹部背面有6对发音器，臀节腹面上，雄蛹有4列的疣状突起，雌蛹较平坦，无疣状突起。

3. 发生规律

大黑鳃金龟在我国仅华南地区一年发生1代，以成虫在土中越

第三章 毛豆高效栽培技术

冬；其他地区均是2年发生1代，成虫、幼虫均可越冬，但在2年1代区，存在不完全世代现象。在北方越冬成虫于春季10cm土温上升到14~15℃时开始出土，10cm土温达17℃以上时成虫盛发。5月中下旬日均气温21.7℃时田间始见卵，6月上旬至7月上旬日均气温24.3~27.0℃时为产卵盛期，末期在9月下旬。卵期10~15d，6月上中旬开始孵化，盛期在6月下旬至8月中旬。孵化幼虫除极少一部分当年化蛹羽化，大部分当秋季10cm土温低于10℃时，即向深土层移动，低于5℃时全部进入越冬状态。越冬幼虫翌年春季当10cm土温上升到5℃时开始活动。以幼虫越冬为主的年份，翌年春季麦田和春播作物受害重，而夏秋作物受害轻；以成虫越冬为主的年份，翌年春季作物受害轻，夏秋作物受害重，出现隔年严重为害的现象，群众谓之"大小年"。

暗黑鳃金龟在江苏、安徽、河南、山东、河北、陕西等地均是一年发生1代，多数以3龄幼虫筑土室越冬，少数以成虫越冬。以成虫越冬的，成为翌年5月出土的虫源。以幼虫越冬的，一般春季不为害，于4月初至5月初开始化蛹，5月中旬为化蛹盛期。蛹期15~20d，6月上旬开始羽化，盛期在6月中旬，7月中旬至8月上旬为成虫活动高峰期。7月初田间始见卵，盛期在7月中旬，卵期8~10d，7月中旬开始孵化，7月下旬为孵化盛期。初孵幼虫即可为害，8月中下旬为幼虫为害盛期。

铜绿丽金龟一年发生1代，以幼虫越冬。越冬幼虫在春季10cm深的土温高于6℃时开始活动，3—5月有短时间为害。在江苏、安徽

等地,越冬幼虫于5月中旬至6月下旬化蛹,5月底为化蛹盛期。成虫出现始期为5月下旬,6月中旬进入活动盛期。产卵盛期在6月下旬至7月上旬。7月中旬为卵孵化盛期,孵化幼虫为害至10月中旬。当10cm深的土温低于10℃时,开始下潜越冬。越冬深度大多在20~50cm。室内饲养观察表明,铜绿丽金龟的卵期、幼虫期、蛹期和成虫期分别为7~13d、313~333d、7~11d和25~30d。在东北地区,春季幼虫为害期略迟,盛期在5月下旬至6月初。

4. 防治措施

(1) 农业防治。大面积秋、春耕,并随犁拾虫,腐熟厩肥,以降低虫口数量;在蛴螬发生严重的地块,合理灌溉,促使蛴螬向土层深处转移,避开幼苗最易受害时期。

(2) 物理防治。使用频振式杀虫灯防治成虫效果极佳。一般6月中旬开始开灯,8月底撤灯,每日开灯时间为21时至翌日4时。

(3) 化学防治。

①土壤处理:可用50%辛硫磷乳油每亩200~250mL,加水10倍,喷于25~30kg细土中拌匀成毒土,顺垄条施,随即浅锄,能起到良好效果。

②种子处理:拌种用的药剂主要有50%辛硫磷乳油,其用量一般为药剂:水:种子=1:(30~40):(400~500)。

③沟施毒谷:每亩用25%辛硫磷胶囊剂150~200g拌谷子等饵料5kg左右,或50%辛硫磷乳油50~100g拌饵料3~4kg撒于种沟中。

（十五）巴蜗牛

1. 分布与为害

巴蜗牛又称蜒蚰螺、水牛，为软体动物，主要有灰巴蜗牛和同型巴蜗牛2种，均为多食性，除为害大豆外，还为害十字花科、豆科、茄科蔬菜、谷类、果树以及棉、麻、甘薯、桑等多种作物。幼贝食量很小，初孵幼贝仅食叶肉，留下表皮，稍大后以齿舌刮食叶、茎，形成孔洞或缺刻，甚至咬断幼苗，造成缺苗断垄。

2. 形态特征

灰巴蜗牛和同型巴蜗牛成螺的贝壳大小中等，壳质坚硬。

（1）灰巴蜗牛。壳较厚，呈圆球形，壳高 18~21mm，宽 20~23mm，有 5.5~6 个螺层，顶部几个螺层增长缓慢，略膨胀，体螺层急剧增长膨大；壳面黄褐色或琥珀色，常分布暗色不规则形斑点，并具有细致而稠密的生长线和螺纹；壳顶尖，缝合线深，壳口呈椭圆形，口缘完整，略外折，锋利，易碎。轴缘在脐孔处外折，略遮盖脐孔，脐孔狭小，呈缝隙状。卵为圆球形，白色。

（2）同型巴蜗牛。壳质厚，呈扁圆球形，壳高 11.5~12.5mm，宽 15~17mm，有 5~6 层螺层，顶部几个螺层增长缓慢，略膨胀，螺旋部低矮，体螺层增长迅速、膨大；壳顶钝，缝合线深、壳面呈黄褐色至灰褐色，有稠密而细致的生长线。体螺层周缘或缝合线处常有一条暗褐色带，有些个体无。壳口呈马蹄形，口缘锋利，轴缘外折，遮盖部分脐孔。脐孔小而深，呈洞穴状。个体间形态变异较大。卵球形，乳白色有光泽，渐变淡黄色，近孵化时为土黄色。

· 103 ·

3. 发生规律

巴蜗牛属雌雄同体、异体交配的动物，一般一年繁殖 1~3 代，在阴雨多、湿度大、温度高的季节繁殖很快。5 月中旬至 10 月上旬是它们的活动盛期，6—9 月活动最为旺盛，一直到 10 月下旬开始下降。11 月下旬以成贝和幼贝在田埂土缝、残株落叶、宅前屋后的砖块瓦片等物体下越冬。翌年 3 月上中旬开始活动，巴蜗牛白天潜伏，傍晚或清晨取食，遇有阴雨天则整天栖息在植株上。4 月下旬至 5 月上旬成贝开始交配，此后不久产卵，成贝一年可多次产卵，卵多产于潮湿疏松的土里或枯叶下，每个成贝可产卵 50~300 粒。卵表面有黏液，干燥后把卵粒粘在一起成块状，初孵幼贝多群集在一起取食，长大后分散为害，喜栖息在植株茂密、低洼潮湿处。

一般成贝存活 2 年以上，性喜阴湿环境，如遇雨天，则昼夜活动，因此温暖多雨天气及田间潮湿地块受害较严重。干旱时，白天潜伏，夜间出来为害；若连续干旱，便隐藏起来，并分泌黏液，封住出口，不吃不动，潜伏在潮湿的土缝中或茎叶下，待条件适宜时，如下雨或浇水后，于傍晚或早晨外出取食。11 月下旬又开始越冬。巴蜗牛行动时分泌黏液，黏液遇空气干燥发亮，因此巴蜗牛爬行的地面会留下黏液痕迹。

4. 防治措施

（1）农业防治。清洁田园。铲除田间、地头、垄沟旁边的杂草，及时中耕松土、排除积水等，破坏巴蜗牛栖息和产卵场所。深翻土地。秋后及时深翻土壤，可使部分越冬成贝、幼贝暴露于地面冻死或被天

敌啄食,卵则被晒裂而死。石灰隔离。地头或行间撒10cm左右的生石灰带,每亩用生石灰5~7.5kg,使越过石灰带的巴蜗牛被杀死。

(2)物理防治。利用巴蜗牛昼伏夜出、黄昏为害的特性,在田间或保护地中(温室或大棚)设置瓦块、菜叶、树叶、杂草或扎成把的树枝,白天巴蜗牛常躲在其中,可集中捕杀。

(3)化学防治。毒饵诱杀。用多聚乙醛配制成含2.5%~6%有效成分的豆饼(磨碎)或玉米粉等毒饵,在傍晚时,均匀撒施在田垄上进行诱杀。撒颗粒剂。用8%灭蛭灵颗粒剂或10%多聚乙醛颗粒剂,每亩用2kg,均匀撒于田间进行防治。喷洒药液。当清晨巴蜗牛未潜入土时,用70%氯硝柳胺1 000倍液,或灭蛭灵或硫酸铜800~1 000倍液,或氨水70~100倍液,或1%食盐水喷洒防治。

(十六)白粉虱

1. 分布与为害

白粉虱又名小白蛾,是一种世界性害虫,我国各地均有发生。寄主范围广,可为害豆类、黄瓜、茄子、番茄、辣椒、甘蓝、花椰菜、白菜等200余种作物。成虫和若虫以刺吸式口器吸食植物叶片汁液,使叶片褪绿、变黄、萎蔫,甚至全株枯死。该虫还分泌大量蜜露,引起煤污病发生,严重影响光合作用,同时还是病毒的传播媒介,可引起多种病毒病。

2. 形态特征

(1)成虫。体长1~1.5mm,淡黄色。翅面覆盖白蜡粉,停息时两翅合拢平覆在腹部上,通常腹部被遮盖,翅脉简单,沿翅外缘

有一排小颗粒。

(2) 卵。长约 0.2mm，侧面观呈长椭圆形，基部有卵柄，柄长 0.02mm，从叶背的气孔插入植物组织中，初产淡绿色，覆有蜡粉，而后渐变褐色，孵化前呈黑色。

(3) 若虫。1 龄若虫体长约 0.29mm，2 龄约 0.37mm，3 龄约 0.51mm，长椭圆形，淡绿色或黄绿色，足和触角退化，紧贴在叶片上生活；4 龄若虫又称伪蛹，体长 0.7~0.8mm，椭圆形，初期体扁平，逐渐加厚呈蛋糕状（侧面观），中央略高，黄褐色，体背有长短不齐的蜡丝，体侧有刺。

3. 发生规律

白粉虱在北方温室一年发生 10 余代，冬天室外一般不能越冬，华中以南以卵在露地越冬。成虫羽化后 1~3d 可交配产卵，平均每个产卵 142.5 粒。也可孤雌生殖，其后代雄性。成虫有趋嫩性，在植株顶部嫩叶上产卵。卵以卵柄从气孔插入叶片组织中，与寄主植物保持水分平衡，极不易脱落。若虫在叶背面为害，3d 内可以活动，当口器刺入叶组织后开始固定为害。繁殖适温为 18~21℃。

4. 防治措施

(1) 农业防治。黄色对白粉虱成虫有强烈的引诱作用，可以制成大小为 0.3m×0.2m 的黄板，上面涂 10 号机油，挂在豆田行间。黄板上诱满白粉虱后，用刷子将其刷掉，重新涂油，再行诱杀。

(2) 化学防治。在发生初期及时用药，尤其掌握在"点片"发生阶段，可选用 3%啶虫脒乳油 1 500~2 000 倍液，或 25%吡蚜酮悬浮

剂2 500~4 000倍液，或25%噻虫嗪水分散粒剂2 500~4 000倍液，或24%螺虫乙酯悬浮剂2 000~3 000倍液，或1.8%阿维菌素乳油1 500~3 000倍液，或1%甲氨基阿维菌素苯甲酸盐乳油2 000倍液，或2.5%联苯菊酯乳油1 500~3 000倍液，对叶片正反两面均匀喷雾，喷药时间最好在早晨露水未干时进行。7d喷1次，连续防治2~3次。

（十七）蓟马

1. 分布与为害

蓟马在我国分布广泛，以成虫和若虫锉吸植株幼嫩组织（枝梢、叶片、花、果实等）汁液，被害的嫩叶、嫩梢变硬卷曲枯萎，植株生长缓慢，节间缩短；被害的幼嫩果实会硬化，严重时造成落果，影响产量和品质。在大豆上为害较重的主要有烟蓟马和黄蓟马等。烟蓟马寄主范围广泛，达30种以上，其主要寄主有豆科、十字花科以及葱、韭菜、蒜类等多种作物；黄蓟马主要为害大豆、棉花、甘薯、玉米、茄子、节瓜、黄瓜等作物，还为害葱、油菜、百合、紫云英等。为害大豆时，主要在苗期为害嫩芽及叶片，以锉吸式口器吸食叶肉，被害部位表面发白并逐渐枯死变褐，心叶及生长点受害则皱缩、卷曲，发生严重时造成大豆植株生长点坏死。

2. 形态特征

蓟马系小型昆虫，锉吸式口器。蓟马全生育阶段分卵、若虫、成虫3个阶段，属不完全变态类型。

（1）烟蓟马。

①成虫：体长1.0~1.3mm，黄褐色，背面色深。触角7节，

复眼紫红色,单眼3个,其后两侧有1对短鬃。翅狭长,透明,前脉上有鬃10~13根排成3组;后脉上有鬃15~16根,排列均匀。

②卵:乳白色,长0.2~0.3mm,肾形。

③若虫:淡黄色,触角6节,第四节具3排微毛,胸、腹部各节有微细褐点,点上生粗毛,4龄翅芽明显,不取食,可活动,称伪蛹。

(2) 黄蓟马。

①成虫:体长0.9~1.1mm,体浅黄色,触角7节,单眼间鬃位于单眼三角形连线的外缘,后胸盾片网状纹中具1对明显的钟形感觉器。雄虫3~7腹节有腹腺域。

②卵:长0.2mm,肾形。

③若虫:黄色,复眼红色,触角7节,初龄若虫黄色,无翅芽,3龄以后的若虫长出翅芽。

3. 发生规律

烟蓟马在华北地区一年发生3~4代,山东一年发生6~10代,华南一年发生10代以上。多以成虫或若虫在土缝里或未收获的葱、蒜叶鞘及杂草残株上越冬,少数以蛹在土中越冬。春季在葱、蒜返青时开始恢复活动,为害一段时间后,便飞到豆类、棉花等作物上为害繁殖。5—6月是为害盛期。成虫活跃,能飞善跳,扩散快,白天喜在隐蔽处为害,夜间或阴天在叶面上为害,多行孤雌生殖,雄虫少见。卵多产在叶背皮下或叶脉内,卵期6~7d。初孵若虫不太活动,多集中在叶背的叶脉两侧为害,一般气温低于25℃、相对湿度在60%以下时有利于其发生,7—8月同一时期可见各虫态,进入9月虫量明

显减少，10月早霜来临之前，大量蓟马迁往葱、蒜、白菜、萝卜等蔬菜田。毛豆苗期（5月末至7月）气候干旱有利于其发生为害。黄蓟马在广东广州一年发生20~21代，世代重叠，无休眠期。以成虫潜伏在土块、土缝下或枯枝落叶间越冬，少数以若虫越冬。翌年4月开始活动，5—9月进入发生为害高峰期，秋季受害最重。初羽化成虫有喜嫩绿的习性，十分活泼，能飞善跳，行动敏捷，怕强光，晴天成虫喜隐蔽在作物生长点取食，少数在叶背为害；雌成虫能进行孤雌生殖，常把卵产在植物叶肉组织里。发育适温25~30℃，暖冬有利于其安全越冬，易出现翌年大发生。

因蓟马具有繁殖速度快、易发生成灾的特点，应加强田间观察，掌握发生动态，采取有力措施进行综合治理，在害虫初发期及时喷药防治。

4. 防治措施

（1）农业防治。早春清除田间杂草和枯枝残叶，集中烧毁或深埋，消灭越冬成虫和若虫；加强肥水管理，促使植株生长健壮，减轻为害。

（2）物理防治。利用蓟马趋蓝色的习性，在田间设置蓝色粘板，诱杀成虫，粘板高度与作物持平。

（3）化学防治。可选用25%吡虫啉可湿性粉剂2 000倍液，或5%啶虫脒可湿性粉剂2 500倍液，或10%吡虫啉可湿性粉剂1 000倍液，或10%多杀霉素悬浮剂2 500~3 500倍液，或6%乙基多杀菌素悬浮剂3 000~6 000倍液，或24%虫螨腈悬浮剂2 000~3 000倍液，隔7~10d喷1次，连用2~3次。

第三节 毛豆栽培模式

长江中下游地区光热资源丰富,为了提高复种指数增加粮食产量,长期以来形成了单作、间作与套种等复杂的栽培制度。

轮作,是指在相同地块上连续种植不同类型的作物或复种组合,通常在两个不同的季节之间进行转换。秋毛豆通常与早稻轮作,也有与春玉米轮作的。在轮作中要注意上茬作物和秋毛豆品种生育期的选择,上茬作物生育期过长,将会导致秋毛豆减产甚至无法播种;上茬作物生育期过短,光热资源利用不充分,也会影响产量。

连作,是指在同一块土地上连续种植同一种作物的一种栽培方式。春秋毛豆连作会导致病虫害加剧,生产上应选用抗病虫害强的毛豆品种,同时要加强田间管理,提前做好病虫害防治。

间作,是指在同一田地上,在同一生长期内,将两种或两种以上的作物分行或分带相间种植。秋毛豆可与玉米、甘薯和高粱等间作。近年随着毛豆—玉米带状复合种植技术和配套的农机具日趋成熟,基本实现了"玉米不减产,多收一季豆"的目标,豆玉间作面积有逐年上升趋势。

套种,指在前一季作物的生长期,在其株行间播种或移栽后季作物。秋毛豆大面积种植的主要是和幼林果树套种。

一、玉米—毛豆带状复合种植模式

长江三峡以东的沿岸带状平原,气候温暖潮湿,是我国重要的

第三章 毛豆高效栽培技术

粮油生产地。玉米和毛豆是当地重要的粮油作物，当地多使用玉米毛豆带状复合种植技术来提升玉米和毛豆的质量和产量，将玉米—毛豆复合种植技术各环节进行阐述，具体内容如下。

玉米—毛豆带状复合种植技术的关键是缩株保密，扩间增光，可选择4~6行多种种植模式，结合农户实际农机条件，选择适合的种植模式。

（1）2∶4模式。2行玉米，4行毛豆复合种植，带宽290cm，带间距65cm。玉米行距、株距分别为40cm、10cm，亩播种约4 600粒，毛豆行距、株距为40cm、10cm，亩播种约9 200粒。

（2）3∶4模式。3行玉米，4行毛豆复合种植，带宽350cm，带间距65cm。玉米行距、株距分别为50cm、12cm，亩播种约4 400粒，毛豆行距、株距为40cm、10cm，亩播种约7 600粒。

（3）4∶4模式。4行玉米，4行毛豆复合种植，带宽400cm，带间距65cm。玉米行距、株距分别为50cm、12cm，亩播种约4 900粒，毛豆行距、株距为40cm、8cm，亩播种约8 300粒。

（4）3∶6模式。3行玉米，6行毛豆复合种植，带宽455cm，带间距65cm。玉米行距、株距分别为50cm、12cm，亩播种约3 400粒，毛豆行距、株距为45cm、10cm，亩播种约8 800粒。

选取抗倒伏、株型紧密的适合密植和机械种植的中矮秆玉米品种，包括"郑单958""鑫瑞25""登海605"等；选取抗倒伏、株型收敛的适合机械种植的早中熟毛豆品种，包括"冈鲜豆1号""冈鲜豆3号""95-1""翠绿宝"等。选取优良品种种子后，播种

剔除病斑粒，晒种 1~2d，根据种植地常见病虫害发生情况选择合适拌种剂（表3-1）。

表3-1 玉米—毛豆带状复合种植拌种剂选择

作物	常见病虫害	药剂剂量	方法
毛豆	根腐病	10~15mL 4%精甲咯菌腈种子处理剂+100~200mL水	
		10~15mL 35g/L咯菌腈甲霜悬浮种衣剂+100~200mL水	
		10~20mL 18%噻灵咯精甲悬浮种衣剂+80~200mL水	
玉米		40~60mL 35%噻虫嗪悬浮种子处理剂+90~135mL水	配制好的拌种剂要在24h内使用，避免产生沉淀影响拌种。将药剂与种子充分搅拌，药剂均匀分布即可
	黏虫、蚜虫	30~60mL 40%溴酰噻虫嗪悬浮种子处理剂+80~200mL水	
		20~60mL 600g/L吡虫啉悬浮种衣剂+200mL水	
		38~53mL 50%氯虫苯甲酰胺悬浮种子处理剂+80~200mL水	
	丝黑穗病	40~80mL 21%戊唑吡虫啉悬浮种衣剂+150~200mL水	
毛豆	根腐病	20~40mL 11%氟环咯精甲悬浮种子处理剂加水稀释至100mL	
		30~40mL 62.5g/L精甲咯菌腈悬浮种衣剂加水稀释至100mL	

种植地土壤有机质含量应≥1%，含氮量≥0.1%，pH值为5~8。种植前深翻土壤，深度≥40cm，保证土壤平整稀疏。

玉米播种时间为4月下旬至5月中旬，毛豆播种时间为5月中旬，气温≥10℃，土壤耕层温度在5~7℃即可播种。根据不同种植模式确定种植距离，使用播种机进行播种。2∶4模式玉米—毛豆

第三章 毛豆高效栽培技术

一体化播种时选用玉米在两侧毛豆居中或毛豆在两侧玉米居中的方式。进行分步播种时，选择可调整的窄行距播种机播种，调整玉米毛豆播种行距。3∶4模式及其余模式，进行玉米播种时可选择3行或4行玉米播种机，根据模式要求调整行距，毛豆播种时选用4行或6行毛豆播种机，通过更换排种盘调整株距。播种的同时进行侧深施肥，肥料包括20~30kg/亩磷肥，8~10kg/亩钾肥。

玉米—毛豆带状复合种植与玉米、毛豆单作相比，氮肥施用量可降低3~4kg/亩，玉米选用高氮缓控释肥，50~65kg/亩，毛豆选用低氮缓控释肥，15~20kg/亩。玉米大喇叭口期在距玉米播种行25cm处追施配方肥，40~50kg/亩。鼓粒中后期每7d叶面喷施1次0.1%钼酸铵和0.3%磷酸二氢钾，连续使用2~3次。

玉米—毛豆带状复合种植在播后苗前期进行封闭除草，选用带有物理隔帘的喷施装置，将玉米、毛豆隔开施药。33%二甲戊灵乳油150~200mL+30kg水，表土喷施。带状复合种植毛豆易发生旺长倒伏，影响采收，毛豆长势过旺可在毛豆盛花期喷施2.5%多效唑+7.5%甲哌鎓65~80g，玉米大喇叭口期全株喷施250g/L甲哌鎓水剂300~500倍液，增加抗倒伏能力改善群体长势。喷施期间遇雨水天气，雨停后可酌情增加喷施量。

玉米—毛豆生长中期需水量较多，种植地土壤水分<60%时应及时浇水，将土壤湿度控制在60%~75%，因毛豆耐涝湿能力较差，遇强降水应及时排除田间积水。

当地玉米常见病害有茎基腐病、叶斑病、纹枯病和锈病，常见

· 113 ·

虫害有蚜虫、草地贪夜蛾、桃蛀螟、黏虫及玉米螟。毛豆常见病害有根腐病和锈病,常见虫害有食心虫、豆荚螟、斜纹夜蛾和毛豆天蛾。根据常见病害确定防治措施,以物理防治和生物防治为主。病虫害防治防控对象及防治时间见表3-2。

表3-2　玉米—毛豆带状复合种植病虫害防治措施

作物	技术	防控对象	防治时间	措施
玉米	深耕灭茬及秸秆处理	病害	播种前	秸秆粉碎还田,土壤深耕,播种前灭茬降低病虫源
	合理用药	茎腐病	发病初期	20%噻唑锌50~75mL/亩、30%噻霉酮灌根
		纹枯病	发病初期,根据发病情况,确定喷施时间,发病严重,每7~10d喷施1次,连续2次	植株茎部喷施5%井冈霉素1 500倍液/亩;使用810mg/L补骨脂种子提取物/亩;喷施40%菌核净可湿性粉剂+200~300kg水/亩;12.5%烯唑醇32~64/亩
		大小斑病	病株率≥70%或病叶率≥20%,每7~10d喷施1次,连续2~3次	12.5%烯唑醇32~64g+30kg水/亩;18.7%丙环嘧菌酯70~250mL/亩;喷施25%吡唑醚菌酯75~112g/亩
		蚜虫、草地贪夜蛾及玉米螟、桃蛀螟、黏虫	幼虫低龄期,1~2龄期或卵孵化期	低密度虫口区选用150亿孢子/g球孢白僵菌颗粒剂20亿PIB/mL甘蓝夜蛾核型多角体病毒悬浮剂250~300g,8 000IU/mL苏云金杆菌可湿性粉剂100~300g
	控制天敌	玉米螟、地下害虫等	成虫羽化高峰期	2袋茧周氏啮小蜂和2袋赤眼蜂/亩
	成虫诱导	玉米螟、地下害虫等	成虫羽化期	在害虫发生严重区域针对性选择草地贪夜蛾或玉米螟等诱捕器,以1套/亩的规格放置,集中连片使用

在玉米、毛豆完熟期进行采收，根据种植模式调整收割器械参数，适期规范收获。2：4模式，玉米、毛豆收获期不同，选择小行自走式玉米收割机先将玉米收获，或使用窄幅履带式毛豆收获机先将毛豆收获，也可选择高地隙跨带玉米收获机，先收4行玉米再收获毛豆。两种作物同时成熟可选两种模式，选择常用玉米收割机或谷物联合收割机均可，根据模式参数调整收割机参数，同步完成收割作业。

玉米—毛豆带状复合种植可调整作物种群结构，提升土壤中的养分，降低种植成本，提升经济效益。在实践应用过程中应结合当地气候环境及病虫害发生情况选择合适品种和种子处理方式，规范田间管理、病虫害防治及采收等各环节操作，实现玉米、毛豆的高质量收获。

二、毛豆设施栽培模式

（一）毛豆设施栽培技术

采用保护地栽培春季可以提早至2月播种，鲜荚上市提早至5月底。若采用小棚地膜覆盖栽培的在3月上旬播种，鲜荚上市时间为6月中下旬。露地栽培加地膜可在3月下旬播种，鲜荚上市时间7月上旬，一般纯露地栽培在4月10日前后播种，鲜荚7月下旬上市；夏播安排在6月上旬，9月初收获；秋播7月中旬至8月10日，可在10月收获。在鲜食毛豆大量上市的季节，尽量选用采收期长的品种。避免造成集中上市卖低价。

1. 毛豆选用品种

台湾48、早冠、冈鲜豆3号、辽鲜1号、95-1等早熟品种，可采取2月上中旬至3月初在中小棚内加地膜覆盖的方法，或用地膜加温育苗移栽的方法栽培。

(1) 播种前1周每亩施腐熟人畜粪肥250kg或三元复合肥50kg，用48%氟乐灵喷洒畦面除草同时覆盖拱棚。

(2) 适度密植。当棚内5cm深处地温达12℃以上时，选冷尾暖头抢晴播种。一般畦高20cm、宽1.2m，每畦种3行，穴距20~25cm，每穴播种2~3粒定植2株，每亩播种量5~7.5kg。播种后整个畦面覆盖一层地膜。每亩留苗数1.3万株以上。

(3) 勤管理巧追肥。幼苗子叶顶土后揭去地膜进行1次中耕松土。遇低温寒潮时加强防寒保暖措施。连续阴雨天气及时疏通棚四周沟系，防止涝害。当棚内气温达到25℃以上时及时通风换气。开花期保持棚内日温23~29℃，夜温17~23℃，相对湿度75%左右。开花结荚期应勤浇水保持土壤潮湿。初花期每亩追施速效氮肥12.5~17.5kg，结荚鼓粒期在叶面喷施磷酸二氢钾液+1%尿素液2~3次，可有效提高结荚数促进籽粒膨大。

(4) 及时防治病虫害。苗期用50%辟蚜雾可湿性粉剂或2.5%溴氢菊酯乳油2 000~3 000倍液喷防2~3次。花荚期豆荚螟可用晶体敌百虫800倍液防治2~3次。

(5) 适期采收。棚栽自播种后70d左右便可采收上市，若2月底至3月初播种，5月中旬就可采收。毛豆栽培最好不要连作，同

一地块应相隔1~2年，土壤应选富含有机质且有相当保水力的近中性土壤，酸性土壤应施石灰中和，普通土壤每亩也应施5~7.5kg石灰，可减少根部病害促进植株生长。

2. 病虫草害防控

（1）病害。生长期的主要病害有病毒病、锈病、炭疽病。防治的方法首先是选用无病种子或对种子进行消毒处理。其次是实行轮作，避免重茬。在病毒病发病初期，可用1.5%植病灵800倍液或病毒A 500倍液喷雾防治，在锈病发病初期，用70%山德生可湿性粉剂1 000~2 000倍液或70%代森锰锌可湿性粉剂1 000~2 000倍液喷雾防治。

（2）虫害。生长期主要害虫有蛴螬、蚜虫、豆荚螟、大豆食心虫和黄曲条跳甲、白飞虱等。于毛豆播种前深耕晒土可减少黄曲条跳甲、蛴螬的虫量。用25%辉丰快克30~50mL，兑水50kg于蛴螬、黄曲条跳甲为害盛期喷雾或灌根。蚜虫可用5%蚜虱净3 000~4 000倍液喷雾，可兼治黄曲条跳甲，也可预防病毒病。防治豆荚螟可在毛豆开花结荚期灌水1~2次，以杀死入土化蛹幼虫，并兼治蛴螬。幼虫卷叶、入荚前可用25%快克乳剂1 000倍液喷雾防治。

（3）草害。芽前除草：播种后，墒情好的地块在播后3~4d喷药，墒情较差的地块在出苗前4~5d时结束喷药。药剂可选择甲草胺（48%乳油），每亩用量400mL，兑水50kg喷雾。茎叶除草：出苗后2~4片复叶、杂草3~5片叶时进行防除。可选择10.0%精喹禾灵乳油（30mL）+250g/L氟磺胺草醚（25g），每亩用量120mL+

100g，兑水 60kg 喷雾。

3. 采收

当毛豆豆粒饱满、豆荚紧绷、颜色呈青绿色时即可采摘上市。采收过早容易造成豆粒瘦小、产量低；过迟豆粒会坚硬、降低品质。采收时全株一次收完，如果人工比较充足，也可以分 2~3 次采收。早熟品种一般都抢早上市，即进入鼓粒期后，就可陆续采收，能获得较高的经济效益。采收后应放在阴凉处，以保毛豆的鲜荚产量和质量。

（二）设施毛豆水肥一体化技术

水肥一体化技术是借助压力系统，按土壤养分含量和毛豆需肥规律和特点，将可溶性固体或液体肥料配兑成的肥液与灌溉水一起相融后，通过管道和滴喷头形成滴喷灌，均匀、定时、定量地浸润蔬菜根系，满足蔬菜生长需要。该技术具有"水肥均衡、省工省时、节水省肥、减轻病害、控温调湿、增加产量、改善品质、效益显著"等特点，在设施毛豆种植中，采用水肥一体化技术比常规施肥可减少 50%~70% 的肥料用量，水量也只有沟灌的 30%~40%，可节省肥料和农药，增产幅度达 15% 以上。

水分和养分的合理调节与平衡供应是作物增产的最关键因素，然而传统的灌溉和施肥是分开进行的。从施肥来看，传统的施肥方法如撒施、集中施、分层施用、叶面施用等肥料利用率不高；从灌水来看，传统的方式是大水漫灌、沟灌等，水分利用效率也较低。在水肥的供给作物生长过程中，最有效的供给方式是如何实现水肥

第三章 毛豆高效栽培技术

同步,充分发挥两者的相互作用,在供给作物水分的同时最大限度地发挥肥料的作用,实现水肥同步供应,即水肥一体化技术。

"有收无收在于水""收多收少在于肥",这两句农谚精辟地阐述了水和肥在种植业中的重要性及其相互关系。水肥一体化技术从传统的"浇土壤"改为"浇作物",是一项集成的高效节水、节肥技术,不仅节约水资源,而且提高肥料利用率。

水肥一体化技术满足了"肥料要溶解后根系才能吸收"的基本要求。在实际操作时,将肥料溶解在灌溉水中,由灌溉管道输送到田间的每株作物的根区,根系在吸收水分的同时吸收养分,即灌溉和施肥同步进行。淋水肥是简易的水肥一体化管理。广义的水肥一体化就是灌溉与施肥同步进行,狭义的水肥一体化就是通过灌溉管道施肥,如滴灌施肥、喷水带施肥、喷灌机施肥。

1. 水肥一体化技术与传统地面灌溉和施肥方法相比的优点

(1) 节水效果明显。水肥一体化技术可减少水分的下渗和蒸发,提高水分利用率。传统的灌溉方式,水分利用率只有45%左右,灌溉用水的一半以上流失或浪费了,而喷灌的水分利用率约为75%,滴灌的水分利用率可达95%。在露天条件下,微灌施肥与大水漫灌相比,节水率达50%左右。保护地栽培条件下,滴灌与畦灌相比,每亩大棚一季节水80~120m³,节水率为30%~40%。

(2) 节肥增产效果显著。利用水肥一体化技术可以方便地控制灌溉时间、肥料用量,实现了平衡施肥和集中施肥。与常规施肥相比,水肥一体化的肥料用量是可量化的,作物需要多少施多少,同时将肥料直接施于作物根部,既加快了作物吸收养分的速度,又减少了挥发、淋失所造成的养分损失。水肥一体化技术具有施肥简便、施肥均匀、供肥及时、作物易于吸收、提高肥料利用率等优点。据调查,常规施肥肥料利用率只有30%~40%,滴灌施肥的肥料利用率达80%以上。肥料利用率的提高意味着施肥量减少,从而节省了肥料,在作物产量相近或相同的情况下,水肥一体化技术与常规施肥技术相比可节省化肥30%~50%,并增产10%以上。

（3）减轻病虫草害发生。水肥一体化技术有效地减少了灌水量和水分蒸发,提高了土壤养分有效性,促进根系对营养的吸收储备,还可降低土壤湿度和空气湿度,抑制病菌、害虫的产生、繁殖和传播,并抑制杂草生长,在很大程度上减少了病虫草害的发生,因此,也减少了农药和防治病虫草害的人工投入,与常规施肥相比;利用水肥一体化技术每亩农药用量可减少15%~30%。

（4）降低生产成本。水肥一体化技术是管网供水,操作方便,便于自动控制,减少了人工开沟、撒肥等过程,因而可明显节省施肥人工;灌溉是局部灌溉,大部分地表保持干燥,减少了杂草的生长,也就减少了用于除草的劳动力;由于水肥一体化可减少病虫害的发生,减少了用于防治病虫害、喷药等的劳动力。

（5）改善作物品质。水肥一体化技术适时、适量地供给作物不同生育期生长所需的养分和水分,明显改善作物的生长环境条件,因此,可促进作物增产,提高农产品的外观品质和营养品质;应用水肥一体化技术种植的作物,具有生长整齐一致、定植后生长恢复

快、提早收获、收获期长、丰产优质、对环境气象变化适应性强等优点。

（6）便于农作管理。水肥一体化技术只湿润作物根区，其行间空地保持干燥，因而即使是灌溉的同时，也可以进行其他农事活动，减少了灌溉与其他农作的相互影响。

（7）改善土壤微生态环境。采用水肥一体化技术可明显降低大棚内空气湿度和提高棚内温度，滴灌施肥与常规畦灌施肥技术相比地温可提高2.7℃，有利于增强土壤微生物活性，促进作物对养分的吸收；有利于改善土壤物理性质，克服了因灌溉造成的土壤板结，土壤容重降低，孔隙度增加，有效地调控土壤根系的水渍化、盐渍化、土传病害等障碍。水肥一体化技术可严格控制灌溉用水量、化肥施用量、施肥时间，不破坏土壤结构，防止化肥和农药淋洗到深层土壤，造成土壤和地下水的污染，同时可将硝酸盐带来的农业面源污染降到最低程度。

（8）便于精确施肥和标准化栽培。水肥一体化技术可根据作物营养规律有针对性地施肥，实现精确施肥；可以根据灌溉的流量和时间，准确计算单位面积所用的肥料数量。微量元素通常应用螯合态，价格昂贵，而通过水肥一体化可以做到精确供应，提高肥料利用率，降低微量元素肥料施用成本。水肥一体化技术的采用有利于实现标准化栽培，是现代农业中的一项重要技术措施。

2. 水肥一体化灌溉形式

（1）滴灌。滴灌是指将具有一定压力的水过滤后经管网和出水通道（滴灌带）或滴头以水滴的形式缓慢而均匀地滴入植物根部附近土壤的一种灌水技术。

滴灌的优点：提高水分利用率，可根据作物的需要精确地进行灌溉，一般比地面灌溉节约用水30%~50%，有些作物可达80%左右，比喷灌省水10%~20%。滴灌系统可以在灌水的同时进行施肥，而且可根据作物的需肥规律与土壤养分状况进行精确施肥和平衡施肥，同时滴灌施肥能够直接将肥液输送至作物主要根系活动层范围内，作物吸收养分快又不产生淋洗损失，减少对地下水的污染。可以大大减少施肥量，提高肥效。滴灌系统比其他任何灌溉系统更便于实现自动化控制。滴灌在经济价值高的经济作物区或人工紧张的地区实现自动化提高设备利用率，大大节省人工，减少操作管理费用，同时可更有效地控制灌溉、施肥数量，减少肥水浪费。滴灌系统为低压灌水系统，不需要太高的压力，比喷灌更易实现自压灌溉，而且滴灌系统流量小，降低了泵站的能耗，减少了运行费用。

滴灌的局限性：滴头容易堵塞，一次性的设备投资较大，作物收获前要回收滴灌管道，增加人工成本。回收后的滴灌管道大部分无法再次使用。由于采用薄壁滴灌带，使用过程中易发生机械损伤及虫、鼠、鸟咬噬，需要经常去田间修补。

（2）微喷灌。微喷灌也称微型喷洒灌溉，简称微喷，是指利用折射式、辐射式或旋转式微型喷头将水喷洒在作物叶面或作物根系的一种灌水技术。

微喷灌的优点：节约用水，增产显著。微喷灌也属于局部灌溉，因而实际灌溉面积要小于地面灌溉，减少了灌水量，同时微喷灌具有较大的灌水均匀度，不会造成局部的渗漏损失且灌水量和灌水深度容易控制，可根据作物不同生长期需求规律和土壤含水量状况适时灌水，提高水分利用率，管理较好的微喷灌系统比喷灌系统用水可减少20%~30%。微喷灌的喷灌强度由单喷头控制，不受邻近喷头的影响，相邻的两微喷头间喷洒水量不相互叠加。微喷头可移动性强，根据条件的变化可随时调整其工作位置，如行距或株距等。微喷头属于低压灌溉，可节省大量能源，使系统的总投资大大下降。由于微喷灌水滴雾化程度大，可有效增加近地面空气湿度，另外，微喷灌还可以容易实现自动化，节约劳力。

微喷灌的局限性：对水质要求较高。水中的悬浮物等容易造成微喷头的堵塞，因而要求对灌溉水进行过滤。灌水均匀度受风影响较大。在大于3级风的情况下微喷水滴容易被风吹走，灌水均匀度降低，一般不宜进行灌水。在作物未封行前，微喷灌结合喷肥会造成杂草大量生长。

（3）喷水带灌溉。喷水带灌溉也称水带灌溉或微喷带灌溉，是在PE软管上直接开0.5~1.0mm的微孔出水，无须再单独安装出水器，在一定压力下，灌溉水从孔口喷出，高度可达几十厘米至1m，在萝卜的生产中，喷水带灌溉是一种非常方便的灌溉方式。喷水带规格有25mm、32mm、40mm、50mm 4种，单位长度流量为每米50~150L/h。喷水带灌溉简单、方便、实用。只要将喷水带按一定的距离铺设到田间就可以直接灌水，收放和保养方便。对灌溉水的要求显著低于滴灌，抗堵塞能力强，一般只需做简单过滤即可使用。工作压力低，能耗少。应尽量选择小流量喷水带，喷水孔朝上安装，铺设长度一般不超过50m。垄高很低或者不起垄种植时，可以直接用喷水带。如果起垄种植，一定要选择流量较小的喷水带。

喷水带灌溉的优点：适应范围广，抗堵塞性能好（对水质和肥料的要求低），一次性设备投资相对较少。安装简单，使用方便，维护费用低。回收方便，可以多次使用。

喷水带灌溉的缺陷：高温季节，容易形成高湿环境，加速病害的发生和传播。喷水带的铺设长度一般只有滴灌管的一半或更短，需要更多的输水支管。封行后，喷水带喷出的水受茎和叶片的遮挡，导致灌溉和施肥不均匀。小面积情况下，喷水带是经济有效的灌溉方式。但在大面积情况下，喷水带管理耗工量大，不是适宜的灌溉模式。

三、毛豆套作模式

（一）果茶—毛豆套种模式

在当前果茶产业发展过程中，提高幼林果茶园种植前期的经济效益十分重要。实践证明，幼林果茶园套种毛豆既能充分利用林地空间，改善林地土壤结构，促进果茶幼林生长，同时能取得一定的经济收入，弥补果茶种植前期没有收入的问题。该模式不仅大大提

第三章 毛豆高效栽培技术

高土地利用率,而且能促进生产,保持水土,培肥土壤,抑制杂草,又多收一茬毛豆。

(1) 选地。选择1~3年的果园幼树地块套种毛豆。

(2) 选用高产优良毛豆品种。因幼龄果园地一般较为肥沃,可选择分枝性、耐肥抗倒伏性强,耐旱性较强和丰产性能好的品种,如油春1204等。

(3) 种子包衣。播种前用已登记过的毛豆种衣剂进行包衣,以防治地下害虫和根腐病。

(4) 整地、施足基肥。要深翻土地,耙平耙细,然后施足基肥。一般亩基施农家肥1 000kg、钙镁磷肥25kg和硫酸钾10kg,混合拌匀施于沟内,地下害虫多的地块亩用噻虫嗪与细土拌匀撒于施肥沟中,可防治蛴螬、蝼蛄等害虫。

(5) 适时早播,合理密植。当气温稳定在12℃以上时即可播种。春播毛豆时间:3月下旬至4月上旬。夏播毛豆时间:5月下旬至6月中旬。秋播毛豆时间:7月中下旬。种植密度要根据果园中土壤肥力和毛豆品种的特征特性等情况而定。一般行距40cm左右、穴距15~20cm,每穴播3~4粒,出苗后每穴留2~3株即可,每亩种植密度保持在1.6万株左右。

(6) 加强田间管理。

①及时间苗、补苗和定苗:播种后5~7d即可出苗,当豆苗长出第一对真叶时要及时间苗、补苗和定苗,以确保全苗和壮苗。

②及时中耕除草、培土:定苗后要及时中耕、除草和培土。

③追肥：毛豆前期长势较弱时可喷施1~2次叶面肥，在毛豆初花期或结荚期亩用尿素200~300g、磷酸二氢钾200g、硫酸锌50g、硼砂100g（先用热水将其溶解）、钼酸铵25g，兑水50kg充分搅拌后进行叶面喷施，具有增荚增粒和增产效果。

④化学调控：如前期长势较旺，进入花期后就会成为徒长田，造成倒伏、落花落荚，导致减产，在这种情况下可用植物生长调节剂多效唑进行叶面喷施，亩用量30~40g，兑水30kg喷雾。

⑤防治虫害：毛豆主要虫害有蚜虫和豆荚螟。防治蚜虫：亩用10%吡虫啉100g或用1.8%阿维菌素乳油100mL兑水30kg喷雾。防治豆荚螟：在结荚鼓粒期用噻虫嗪，均匀喷洒在植株的叶片和嫩荚上。

（7）及时收获。荚果饱满时即可收获。

（二）毛豆—越冬茄子套种模式

早春毛豆设施栽培以穴播、条播为主，其播种时期一般在1—2月，5—6月收获。

1. 毛豆主要栽培技术

（1）精选品种与种子。根据下茬作物选择合适生育期的春毛豆品种，如油春1204、湘春豆26等；种子选择饱满、无虫蛀、无破瓣、无病斑的籽粒。播种前晒种1~2d，以提高出苗率，促进苗齐、苗壮。

（2）选地整地。为保证出苗率，达到苗齐、苗匀，应选择排灌方便、通透性强、中等肥力的田块种植。应避免重茬，播种前抢晴

及时耕地，要求深耕 30cm 左右，耕耙 2~3 次，耙碎、耕匀、耕透；根据采收、地块等实际需求选择合适厢宽，以 1.5~3.0m 为宜，其中沟宽 20cm 左右，沟深 20~30cm。

（3）适时播种。春季适宜在春分之后清明之前，气温稳定在 12℃ 以上抢晴播种；秋播种宜在大暑之后立秋之前播种。种植密度要根据土壤条件和选择品种确定，一般亩种植密度 1.6 万~2.0 万株。种植方式可采用开穴点播或开沟条播，出苗后注意查苗、补苗，补苗宜在 3 片真叶期进行。播种深度：黏质壤土 2~3cm、沙质壤土 3~5cm。

（4）肥水管理。春播重基肥，轻追肥。播种前，黏质壤土每亩施钙镁磷 10~20kg、氯化铵 2~3kg、氧化钾 3~6kg，沙质壤土每亩施钙镁磷 20~40kg、氯化铵 3~6kg、氧化钾 9~12kg；苗期一般不追肥；在开花期早期根据生长状况沙质壤土可适当追肥，每亩施尿素 10kg 左右。秋植施肥以基肥为主，追肥为辅。播种前，黏质壤土每亩施钙镁磷 15~25kg、氯化铵 3.0~4.5kg、氧化钾 4~8kg，沙质壤土每亩施钙镁磷 30~50kg、氯化铵 6~9kg、氧化钾 8~12kg；在分枝期早期根据生长状况可适当追肥。种植后灌透底墒水，苗期需蹲苗炼苗不宜灌水，若墒情过低，可适当浇水；开花结荚期和鼓粒期根据墒情及时灌水，保证土壤充分湿润；毛豆秋植由于气候干燥多旱少雨，可根据墒情，生育期内适当多次灌水，保证土壤相对湿度不少于 60%。

（5）病虫草害防治。早春毛豆病害较重，但虫害较少。春播毛豆草害防治有分芽前除草和茎叶除草，在播种盖土后3d内，每亩用50%乙草胺60mL兑水45kg喷施地表封闭除草。苗期用25%氟磺胺草醚（禾、阔双除）30mL兑水45kg进行苗后除草。

（6）及时采收。早春毛豆宜遇连雨天，需关注天气，在当毛豆荚开始鼓粒及时采收，可采用人工收获和机械收获。

2. 茄子栽培技术

（1）茄子品种选择。选用椭圆形品种，主要为山东茄王、黑龙。

（2）播种育苗。浸种催芽。播种前晒种1~2d，采用温汤浸种法；用50~55℃温水浸泡10~15min，当温水降至30℃时再浸泡5~6h，再放入1%的甲醛溶液中浸泡30min，用清水洗净后放入纱布袋中，于28~32℃的条件下催芽。待80%的种子露白后即可播种。8月上中旬穴盘育苗，播后加盖1cm厚营养土，加盖小棚，出苗后撤去。苗床控制温度白天25~28℃，夜间16~20℃。

（3）定植。9月中下旬定植，定植前10~15d亩施腐熟有机肥5 000kg，三元复合肥50~80kg，过磷酸钙100kg，2/3撒施，1/3沟施，深沟高畦，畦宽90cm，沟宽30cm，宽行70cm，窄行50cm，株距45cm。适宜定植的茄子苗大小为5~6片真叶。

（4）田间管理。定植后5~7d闭棚，保温保湿促缓苗，白天适宜温度在26~30℃，夜间16~20℃，以利于缓苗，缓苗7d后从暗沟内浇1次缓苗水，并随水亩施肥500~750kg腐熟肥水。茄子长至

第三章 毛豆高效栽培技术

5~8cm时浇催果水,每亩施三元复合肥15~20kg,以后每隔2~3周追肥1次,每次用多元复合肥20kg,也可结合喷药进行叶面追肥,灌水以小水暗沟勤灌。外界气温低于15℃后要封严温室,加盖草帘保温,尽量早揭晚盖多见光。后墙张贴反光幕,清理棚膜。室温低于8℃时用暖炉等增温。注意整枝摘叶、吊秧,双秆整枝每节留一个果,并用多效灵40~50mg/kg点花。

(5) 病害防治。茄子主要病害有青枯病、灰霉病、黄萎病、棉疫病,应注意通风、透光保温、降湿,并用灰霉灵、百菌清、农用链霉素、克露等防治,以烟雾剂型为主。

(三) 毛豆—辣椒套种模式

毛豆栽培技术参照毛豆—越冬茄子中毛豆种植技术。辣椒栽培技术如下。

1. 辣椒品种选择

选择适宜秋延后的辣椒品种,如选择鄂红椒108、楚椒808、楚椒佳美、砀椒一号等。

2. 播种育苗

(1) 营养土配制。选用肥沃园土7份、腐熟有机肥3份,加入0.2%~0.7%钙磷肥、0.8%草木灰、0.1%氯化钾,充分拌匀堆制。使用前每立方米培养土加50%甲基硫菌灵或50%多菌灵10~15g,充分拌匀密封7d待用。

(2) 催芽播种。用55℃温水浸种10min后,再用常温水浸种6~10h,滤去清水,用湿布包好,在室温条件下催芽,每天用清水冲洗、翻动1次，3~4d可出芽。适宜播期为7月中下旬。将营养土装入营养钵，浇透水，每钵播种2粒种子，盖土1cm，上面铺地膜或草帘，再盖遮阳网降温保湿。

（3）苗期管理。3~5d后及时揭掉草帘或地膜，防止徒长苗。育苗场地一定要遮阳扣顶棚防暴雨强光。晴天每隔1~2d浇水1次，隔3~5d施1次肥水。及时揭盖遮阳网，10—15时盖，其他时间揭除以利见光。及时间苗、移苗、补苗、保全苗，注意中耕、除草、施肥、保壮苗。日历苗龄25~30d，生理苗龄：株高20~25cm，10~12片真叶，现蕾即可定植。

3. 整地施基肥作畦

毛豆退茬后，炕地15d左右，亩施腐熟猪粪或有机肥4 000kg，过磷酸钙25~30kg，氯化钾15kg，复合肥50kg，与土充分拌匀，按1.5m开厢，或1.2m开厢作畦，浇足水后盖地膜待栽。

4. 定植

定植时间为8月中旬至9月上旬，1.2m开厢，每畦栽双行，株距25cm，1.5m开厢的栽五行，株距30cm。注意选晴天傍晚定植，亩定植5 000株左右，浇足定根水，封好膜口。

5. 田间管理

（1）肥水管理。做好苗期肥水、定植期肥水、果实膨大期肥水的管理。整个苗期用0.1%复合肥浇施，保证苗壮，增强抗性。定植后亩施人粪尿2 000kg，加尿素10kg。隔7~10d结合喷药用0.3%磷酸二氢钾根外追肥，促进生长健壮，根系发达，叶片大。

当 2~5 苔果着稳后，亩施复合肥 30kg+尿素 10kg，施后结合灌水促进果实迅速膨大。整个生长期间要保持土壤湿润，根据土壤水分状况，结合追肥灌水，切忌大水漫灌，随灌随排。

（2）喷施植物生长调节剂。8 月下旬开始开花到 10 月中下旬可采用辣椒灵喷花，每克兑水 6~8kg，每亩用量 6~8g，可防落花落果。

（3）大棚管理。从 7 月中旬育苗开始到 10 月上旬扣顶棚，防强光和暴雨。10 月中旬盖边膜，在棚两边跨地面 70~80cm 处加盖裙膜，以利入冬后遇高温时掀边膜通风降温。避免低层低温棚边辣椒受冻。采收前可浮面覆盖 2m 宽的棚膜保温，延迟采收期。

（4）整枝和储存采收。一般 10 月 1 日前后开始采收。秋延辣椒的根椒和门椒及根下侧枝要早摘，促进第三苔、第四苔花坐果，力争每株挂果 20~25 个果。一般于 11 月底果实坐好后，可不采摘随植株在棚内，采取多层覆盖，挂树储藏越冬，延长至翌年 1 月上市。

（5）病虫害防治。秋延辣椒病害主要有病毒病、疫病、菌核病、灰霉病、炭疽病，虫害主要有蚜虫和烟青虫、螨类、红蜘蛛。病毒病主要采取扣顶棚、防蚜虫、加强肥水管理等综合防治技术。发病初期用 1.5%植病灵 800 倍液或盐酸吗啉胍·铜 600 倍液喷雾，连喷 3 次。菌核病、灰霉病可用 48%灰力克可湿粉剂 500 倍或 50%灰克可湿性粉剂 1 000~1 500 倍液，或 50%速克灵 2 000 倍液，或

50%腐霉利2 000倍液喷施，每隔5~7d喷1次，连喷3次。疫病和炭疽病可用0.5%波尔多液，或50%百菌清或杜邦抑快尽1 500倍液防治，每隔5~7d喷1次，连喷3次。蚜虫可用10%吡虫啉1 500倍液喷雾。螨类和红蜘蛛用78%克螨特1 000~2 000倍液喷雾或用5%卡死克2 000倍液喷叶背面和嫩叶芽，烟青虫、甜菜夜蛾用10%除尽乳油1 500倍防治。

（四）毛豆—番茄套种模式

毛豆于7—8月播种，10—11月收获。品种可选择冈鲜豆1号、翠绿宝等品种，田间管理栽培技术参考果茶—毛豆套种模式中毛豆种植技术。

番茄栽培技术如下。

番茄11月上旬播种育苗，2月上旬定植，6月下旬采收完毕，亩产4 000kg左右。

1. 品种选择

选用耐寒、抗病、品质优、产量高的品种，如改良903、金鹏一号、金鹏三号、金牌国萃等。

2. 播种育苗

播种前将种子翻晒2~3d，亩用种量25g。将种子用55℃温水浸种15min，然后用30℃温水浸种5h左右，置于28℃条件下催芽。播种前将苗床浇足底水，待水下渗后撒一薄层干细土，将催好芽的种子均匀撒播，用细土盖籽，盖上地膜，密闭大棚保温、保湿。待60%~70%幼苗出土时，及时揭去地膜，分次撒盖干细土。待幼苗

长至 2 片真叶时移入直径 8~10cm 的营养钵，幼苗成活后温度控制在 15~20℃，定植前 10d 开始炼苗，苗龄 70~90d，8~9 片真叶，现花蕾时，带土定植。

3. 整地

选择地势高燥、排灌方便、土壤肥沃、近二三年未种过番茄的地块，待前茬收获后及时深翻 20~25cm，炕地 20d 左右，每亩施腐熟厩肥 3 000kg、饼肥 100kg、过磷酸钙 25kg、氯化钾 15kg 或复合肥 50~75kg，耕耙均匀。6m 棚宽，按 1.2m 开厢，共 5 畦，于 1 月上旬前后，抓住墒情适时扣棚。

4. 定植

2 月上旬抢冷尾暖头天定植，定植宽行 80cm，窄行 40cm，株距 22cm，亩栽 4 000 株左右。

5. 田间管理

（1）棚温管理。定植后闭棚一周，使幼苗缓苗成活。之后，视天气情况适时通风、换气。白天温度控制在 25℃ 左右，夜温控制在 10~15℃。若遇寒潮低温天气，采用多层覆盖御寒，4 月气温回暖，可适当掀起大棚四周的裙膜通风，5 月上中旬若无异常气候，可揭棚管理。

（2）喷花保果。第一苔花序开放 50% 时，用 40mg/kg 番茄灵喷花保花保果，随气温升高，使用浓度降至 25mg/kg。

（3）及时整枝打杈，疏花疏果。第一穗果坐果后，须插架绑秧或吊蔓。采用单杆整枝引蔓上架，留 3 穗果，疏花疏果，每穗保留

3~4个果。及时抹去侧枝和植株底层衰老叶,以减少养分消耗,改善通风透光条件,减少病虫害发生。

(4)追肥。在定植起苗时浇稀粪水,带水带肥定植。成活后,勤中耕,多培土,早施提苗肥,每亩施人粪尿500kg。第一苔果膨大时,亩施尿素15kg,以后每隔10d追1次果肥,并用0.3%磷酸二氢钾加0.5%尿素进行根外追肥。

(5)排水灌水。春季注意清沟排渍,后期遇旱适时灌跑马水,切忌大水漫灌。

6. 病虫害防治

番茄常见病害有早(晚)疫病、灰霉病、叶霉病、病毒病、褐腐病等。防治策略首先以防为主,综合防治,化学药剂可选用0.5%波尔多液、75%硫菌灵、60%百菌通可湿性粉剂、50%腐霉利600倍液、20%毒病灵交替使用,每隔7~10d喷1次,连喷3次。

番茄主要虫害有蚜虫、棉铃虫、烟青虫。蚜虫用10%吡虫啉1 000倍液防治,棉铃虫、烟青虫可用溴氰菊酯防治。

7. 采收

早摘头果,当第一苔果转红时及时采收,减少养分消耗,以利上部果实膨大,增加总产。

(五)毛豆—苦瓜套种模式

毛豆栽培技术参照毛豆—越冬茄子中毛豆种植技术。苦瓜栽培技术如下。

1. 播种催芽

苦瓜可于 2 月中下旬播种育苗，3 月中下旬定植于大棚两侧，5 月中旬至 10 月中旬收获。使用 50~55℃ 温水浸种，然后在 32℃ 条件下保湿催芽，种子每天检查冲洗 1 次，待有 70% 的种子露白时即可播种育苗，一般苗龄 35~40d 时移栽定植。

2. 定植管理

苦瓜定植后需要浇足缓苗水，土壤的水分管理以土壤不干为原则，浇水不能过勤过大，以免造成营养生长旺盛而光长秧不结瓜，在膨瓜期可根据土壤墒情一周左右浇一次水。定植后，白天保持在 20~30℃，中午超过 30℃ 要及时放风，夜间保持在 13~18℃，当夜间温度稳定在 15℃ 以上时可昼夜放风。苦瓜施肥特点是前轻后重。苗期耐肥性较弱，施肥要轻，可以施少量肥料以配合底肥。由于苦瓜结瓜量大，采收期长，在其花期可喷施硼肥保花保果以提高坐果率，防止花而不实。坐瓜期施肥一般采取浇施，浇施可 10d 左右施 1 次，每亩可浇施尿素 10~15kg 或复合肥 20~25kg，也可以结合浇水进行施肥。

3. 吊蔓及整枝

当苦瓜主蔓长到 50cm 时进行吊蔓，从基部算起，一般 1m 以下侧蔓需摘除，只留一根主蔓上架，使用竹竿及绳子牵引瓜蔓以利于苦瓜上架。苦瓜主蔓上架后为增加后期产量，可留 2~3 条侧蔓并保留侧芽。苦瓜生长过程中，早春昆虫少时注意人工授粉保花保果。中后期及时摘除老叶、病叶，以利通风透光，提高苦瓜产量。

4. 中耕除草

中耕有利于植株根系生长,中耕时注意不能太接近根部,避免伤根。坐瓜后期可根据田间情况多次中耕,同时可以配合施肥进行。

5. 病虫害防治

病虫害防治以生态及物理防治为主,化学防治为辅。苦瓜的病害主要有炭疽病、疫病。炭疽病用50%甲基硫菌灵可湿性粉剂1 000倍液防治;疫病用58%甲霜灵锰锌可湿性粉剂400倍液防治,每隔5~7d喷1次,连喷2~3次;虫害主要有斜纹夜蛾、甜菜夜蛾、蚜虫等害虫,可使用黄板诱杀或25%的溴氰菊酯3 000倍液、10%吡虫啉1 500倍液防治。

6. 科学采收

苦瓜以食用嫩果为主,需要及时采收。一般开花后12~15d是苦瓜采收适宜期,此时条状瘤状突起饱满、果皮有光泽、口感适中。

(六) 毛豆—薯尖套种模式

毛豆栽培技术参照毛豆—越冬茄子中毛豆种植技术。薯尖栽培技术如下。

1. 扦插

可选择叶用薯尖专用品种进行间作。3月上中旬棚内扦插,4月中下旬至10月上旬收获。栽培上合理密植,每厢栽植4行,株距25cm。选用茎蔓精壮、无病害的植株,剪取4节,斜插,入土

2~3节,并将插入土内叶柄剪掉。

2. 田间管理

采用小水勤浇措施,薯尖抗涝能力较强,保持土壤湿度在80%~90%。薯尖生长的适宜温度在18~30℃,35℃以上高温生长缓慢易老化,光照过强也易老化,需要通风及遮阳处理。追肥以尿素、钾肥为主。薯尖生长前期植株小,对肥需求较少。在采摘和修剪后须追肥。追肥时每亩可浇施尿素10~15kg。若直接撒施,注意在追施氮肥后要浇水,否则易产生肥害,叶面发黄。

3. 及时剪修,适时采摘

薯尖成活后,长出4~5片真叶时摘心,促发分枝,封行后开始采摘上市,一般采摘4叶1心的鲜嫩薯尖。薯尖生长周期比较长,8~10d可以采摘1次,早上采摘时间最佳。

为保证薯尖田间生产通风,提高产量和品质,须进行修剪。首次修剪时间可在第三次采摘完后进行。保留株高8~10cm,并结合进行中耕除草施肥,修剪后采摘时间一般间隔15d左右,以后每采摘1次修剪1次。每次茎尖采摘后应加强田间管理工作,采摘当天不宜马上浇水施肥,以利于植株伤口愈合及防止病菌从伤口侵染植株。

4. 综合防治病虫害

薯尖很少发生病害,虫害方面容易遭受斜纹夜蛾、菜青虫等食叶性害虫为害。为确保食用安全,防治的办法可采用黄板诱杀或25%的溴氰菊酯3 000倍液叶面喷雾防治。

四、毛豆轮作模式

(一) 毛豆—羊肚菌轮作模式

毛豆栽培技术参考毛豆间作模式中果茶—毛豆套种模式的毛豆种植技术。羊肚菌栽培技术如下。

羊肚菌是一种珍贵的野生菌，表面凹凸不平，形状如羊肚，得名羊肚菌。隶属于子囊菌亚门盘菌纲盘菌目羊肚菌科羊肚菌属，是世界上公认的珍贵食用菌，富含蛋白质、维生素及20余种氨基酸，味道鲜美，营养价值高。羊肚菌性平，味甘，有益肠胃、助消化，补肾壮阳、补脑提神、强身健体、预防感冒及增强人体免疫力的功效，具有较好的推广前景。近年来，羊肚菌在贵州省黔西市得到大力推广种植，成为当地农民增收致富的好产业。结合生产实践，从生长习性、栽培料配方、播种、田间管理、病虫害防治、采收等方面，总结其栽培技术。

1. 羊肚菌生物学特性

羊肚菌属于低温高湿型真菌，喜阴，生长萌发所需的有机质类型多样，在贵州毕节地区，大多采用大棚或小拱棚方式栽培，秋冬季播种，春季出菇，产量高低与外界环境温湿度具有重要关系。羊肚菌香味特殊，具有较高的食用和药用价值，不仅富含多种人体所需的维生素和蛋白质，具有提神、补肾、壮阳等功效，而且食用能抑制癌细胞生长，具有抗癌作用。

羊肚菌由菌盖和菌柄组成，多为单生、散生，菌盖卵形或圆

形，外部似球形、椭圆形，菌株高 4~10cm、宽 3~6cm，表面有许多小凹坑，浅褐色。边缘全部与柄相连，表面凹凸不平，呈蜂窝状。菌柄为圆柱形，白色，内部空心，上半部分平滑，下部粗大并有凹槽，长 5~7cm，侧面顶端膨大，整株体重较轻，整株质脆，易破碎。

羊肚菌大多生长在表层土质疏松且富含有机质的土壤中，在低温、高湿条件下易萌发子实体。而当年生羊肚菌子实体萌发多少取决于春季表层土壤温度，其中，菌丝生长温度为 21~24℃，子实体形成与发育温度为 5~16℃。

2. 栽培方式

栽培羊肚菌多采用小拱棚覆膜方式，防涝、保湿且有利于降低成本。雨水可沿地膜流至沟中，能为羊肚菌生长提供充足的水分，即使遇干旱天气，也不会影响菌丝生长，同时，还可避免强光照射，促进羊肚菌健康生长。

羊肚菌适宜种植在中性或微碱性土壤中，土壤 pH 值 6.5~7.5，要求土壤肥沃、透气性好，并易于保湿。另外，羊肚菌适宜生长温度为 20℃，湿度在 70% 左右，强光会影响羊肚菌菌丝的萌发，因此，还需为其提供弱光环境。

羊肚菌栽培料配方：细木屑 75%、麸皮 20%、熟腐土 3%、石膏 1%、磷肥 1%，培养料的料水比为 1∶1.3，含水量 60%~70%，发酵 20d 后放置于专用塑料袋中，每袋约 500g。装料完成后经高温灭菌处理，采用两头接种法接种菌丝，随后放置于 22~25℃ 的培养

室中1个月,待菌丝长满袋后即可栽培,也可直接购买菌种栽培。

3. 整地播种

先利用松土机翻松耕地,翻松深度在20cm以上,然后作畦,畦面宽100cm,长度不限,排水沟宽30cm。羊肚菌栽培在畦面上,畦面挖2道种植沟,种植沟间距50cm,沟深6~10cm、沟宽20cm。种植沟内铺培养料厚2~3cm,培养料制作方法是木屑用水浇湿后,再进行高温灭菌处理,因其含有大量的碳元素、氮元素及微量元素,有利于菌丝、菌核及子实体生长。

土壤预湿。在气候干燥、降水量少时期,播种前应进行预湿处理,即提前洒水,保持土壤含水量,避免播种后因土壤干燥导致菌种失水,影响其生长萌发。

10—12月,将菌种放在盆里搅拌均匀,再将菌种均匀撒播至培养料上,播种量约为500kg/亩,播完菌种后覆一层2~3cm厚的细土,保持畦面平整,无杂草和石头。覆土完成后浇1次透水,播种3~4d后,根据天气情况适时浇水。播种可分为2种方式,一种是沟播,在畦面上间距20~30cm起沟,每个畦面开3~4条沟,沟深5~6cm,播种后覆细土,保持畦面平整;另一种是撒播,将菌种均匀撒在畦面,覆细土3~4cm,可采用旋耕机或人工翻耕,但人工翻耕成本较高,翻耕后畦面未见裸露菌种即可。播种后可覆盖地膜,保温保湿。

播种后7~14d仔细观察畦面,当畦面铺满白色菌霜时,在畦面放置营养袋,间隔50cm左右,摆放成2排。放置营养袋前,将

接触土壤的一面用经过酒精处理的小刀划破，营养袋放置量为800~1 200袋/亩。

4. 田间管理

每年12月以后，水分蒸发量低，应根据天气变化适当用喷壶喷水，保持畦面湿润。避免在傍晚喷水。天气潮湿、降水量大时，应及时排水。营养袋放置40~60d，观察袋内培养料变化，有其他细菌滋生时，及时移除营养袋。移除营养袋后浇1次透水，为菌丝分化提供充足的水分，但湿度不宜太大，保持土壤表层不干即可，然后等待出菇。

进入出菇期，适宜生长温度为12~15℃，温度过低或过高不利于子实体生长，需要合理调控棚内温度。同时，土壤含水量应控制在50%~70%，以保障出菇所需水分。另外，棚内空气相对湿度一般控制在80%~90%，有利于幼菇生长，此时应加强通风管理，防止高温高湿引发病虫害。

适量提供光照是促进子实体萌发的重要条件，在子实体生长发育阶段，补充适量的光照能间接提高羊肚菌的产量和品质。光线强弱会影响子实体的外观和色泽，光线强，子实体外观色泽饱满，羊肚菌品质佳；光线弱，子实体外观颜色较暗，羊肚菌品质欠佳。

春季气温迅速回升，土壤水分蒸发量大，此时应增加浇水次数，保证生长期水分充足，提高产量。首次浇水时，应将畦面浇透，但要防止畦面积水，后期可根据土壤湿度适当喷水保湿，保持土壤表层湿润，7~8d后即可出现大量原基。

· 141 ·

杂草对羊肚菌生长影响较大，而且人工除草难度大，容易损伤土壤表层菌丝，破坏菌丝生长环境，进而影响出菇的质量和数量。同时，杂草能为子实体生长提供遮阴，避免强光直射，生长期也可不开展松土工作。

出菇后棚内温度应控制在 8~20℃，湿度控制在 80%~90%，保持畦面土壤湿润，棚内经常通风换气，保持空气新鲜。菌丝生长阶段可在棚上加盖黑色薄膜，避免强光照射，也可直接在畦面覆盖薄膜，保温保湿。此阶段要加强管理，常检查棚内温湿度，勤通风换气，防止湿度过大萌发病菌，影响菌丝生长。

5. 病虫害防治

农业防治主要是利用菌种自身的抗性强弱和栽培管理措施防止病虫害发生，常见措施有播种前进行土壤消毒、出菇期大棚内勤通风、及时清理病残株等；根据羊肚菌生长需求，严格控制浇水量和次数，降低病害发生率；冬季深耕晒垄，杀死越冬害虫。

在菇棚外安装防虫网隔离菇棚，阻断外界害虫入侵，棚内安装杀虫灯、诱色板、性诱剂等；人工控制棚内温湿度，抑制病虫害发生；及时摘除病残菇，人工捕捉大型害虫。

制作培养基时，可用 0.5% 保菇灵、0.2% 克霉灵、0.3% 多菌灵、0.1% 高锰酸钾、0.2% 苯菌灵、0.2% 消毒剂等，对培养基进行消毒杀菌；幼菇生长期，根据病虫害的发生现状科学选择化学药剂，防止产生药害，影响菌丝和子实体生长。

在羊肚菌栽培过程中，为预防病虫害发生：一是引进优良的菌

种,提升菌种抗性;二是制作培养基时,对土壤进行严格的消毒杀菌;三是合理调节棚内温湿度;四是保持环境清洁,及时清除病残株;五是棚内勤通风,保持空气新鲜。

白蚁会直接啃食菌种,可喷施48%乐斯本乳油进行防治。跳虫主要出现在土壤缝隙中,咀嚼菌丝,还会进入营养袋中大量繁殖,影响菌丝生长。可于播种前30d,每亩施用50~75kg生石灰消毒,再翻耕晒地,清理土地表面废弃物和杂草,清除田间农业废弃料,如玉米秸秆,能有效减少虫害发生。虫害发生初期,可适量喷施氯氰菊酯药剂。螨虫主要为害菌丝及子实体,可向土壤表面喷施杀螨剂。

真菌病害,菌丝表面发霉,白口菌丝旺盛,使菌菇腐烂、死亡,从而影响羊肚菌产量和品质;细菌病害,主要发生在出菇期,导致菌柄变红、腐烂和发臭。真菌、细菌病害防治以预防为主,播种前翻耕晒地,可有效控制病害发生,幼菇生长期加强管理,棚内勤通风、除湿、降温,预防病害发生。

白绢病又叫小菌核病,主要发生于菌丝体生长阶段和子实体形成阶段。发病初期,土壤表面菌丝呈圆形、白色、稀疏、有光泽。发病初期可喷施菇大帅,促进羊肚菌健壮生长。

6. 采摘、加工及储藏

当菌盖长至4~8cm,棱纹与凹坑明显可见,颜色由深灰色变成褐色,外表面蜂窝状凹陷时即可采收。采收方法为左手轻捏子实体上部,右手持锋利的小刀,从菌脚基部将羊肚菌平整割下。采收后

及时清理基部泥土，在自然光下晒干或利用烘干机烘干，避免柴火烟熏烘烤，防止破坏菌帽。按规格等级分级后装入塑料袋内密封，放置在阴凉、干燥、通风处储藏。

加强对羊肚菌栽培技术的研究和应用，是提高羊肚菌产量和品质的重要举措。农业生产主体和种植户应积极学习羊肚菌栽培技术，加强田间管理，科学防治病虫害，确保羊肚菌产量和品质不受外界因素影响。

（二）毛豆—萝卜—莴苣高效栽培模式

毛豆—萝卜—莴苣三种三收高效栽培模式可行易操作，为现代农业经济结构的改进提供了参考。该模式可以实现茬口之间的高效对接，实现作物之间的轮作倒茬，有利于土壤改良和合理利用，提高复种指数，这种栽培模式的应用价值前景广阔。现将该模式的栽培技术介绍如下，以期为鄂东地区种植者提供参考。

1. 茬口安排

毛豆3月下旬到4月上旬播种，6月下旬到7月上旬收获。萝卜9月上中旬播种，11月中下旬采收。莴苣10月下旬播种，11月中下旬定植，翌年2月下旬至3月上中旬采收。

2. 毛豆栽培技术

（1）品种选择。毛豆宜选择高产抗病、早熟、品质好的优质品种，可选择翠绿宝、冈鲜豆1号、冈鲜豆2号等品种。

（2）整地施肥。结合耕地，每亩施复合肥（$N:P:K=17:17:17$）30kg+生物有机肥1 000~1 500kg，均匀撒于地面，随土壤

深翻30~40cm。旋地后开厢,厢宽3m(包沟)。

(3)种子处理。挑选籽粒饱满、无病斑的种子,确保发芽率达到90%以上,每亩用量一般在5~6kg。

(4)播种。播种时期的选择直接影响毛豆的产量,通常情况下毛豆在早春时节一般为3月下旬至4月上旬播种。播种行距40cm,株距10cm左右,每穴1~2粒,每穴保证1株苗,播后覆土,毛豆播种深度以3~5cm为佳。

(5)田间管理。水分是毛豆生长发育的重要因素,只有保证水分充足才能促使植株健康成长。毛豆苗期不耐渍,土壤水分过多易烂种。开花期需要保证供水,促进分枝和开花结荚。开花结荚期若干旱,豆荚饱满度下降,影响产量和品质。出现干旱时,及时进行灌溉,为毛豆植株提供充足的水分,避免因干旱影响开花结荚。植株长势弱,在开花前,每亩可追施尿素5~10kg。

(6)病虫害防治。毛豆根腐病是一种比较常见的病害,症状主要表现为根茎的基部出现黑褐色斑块,并逐渐扩散,导致毛豆植株矮小,叶片呈现低垂,直至枯萎。可用50%多菌灵可湿性粉剂800~1 000倍液或20%噻菌铜悬浮剂500~600倍液进行防治。毛豆疫病为害毛豆植株的根、茎、叶及部分豆荚,可引起根腐、植株矮化、枯萎等症状,甚至导致毛豆植株死亡。可使用25%甲霜灵可湿性粉剂800倍液或58%甲霜·锰锌可湿性粉剂600倍液防治。

早春毛豆栽培过程中前期虫害比较少,中后期主要防治蚜虫和棉铃虫。蚜虫防治可以用10%吡虫啉可湿性粉剂3 500倍液或25%

吡蚜酮可湿性粉剂2 000倍液喷雾防治。棉铃虫可用1%甲维盐乳油40mL兑水60kg均匀喷雾。

（7）采收。为了保证毛豆的品质和口感，在豆荚饱满、色泽青绿时采收。过早采收，豆荚未饱满，口感不佳且产量低。过迟采收会造成豆荚发黄，失去商品价值。可分批采收生长饱满的豆荚，分批上市。

3. 萝卜栽培技术

（1）品种选择。秋播萝卜品种可选择品质好、熟期早、生长快的萝卜品种，如白玉春、玉堂春、短叶13号等品种。

（2）整地及施肥。前茬毛豆采收完毕后及时清理豆秆，然后进行整地。整地原则是精细，做到耕透、耙细，使土壤上虚下实。施肥量视土壤肥力而定。一般每亩施腐熟的优质农家肥2 000~2 500kg、过磷酸钙40~50kg、硫酸钾20~30kg作基肥。

深犁地后旋地2~3遍，达到土壤疏松透气要求。开沟深翻20~25cm，精耕细作。施基肥后，将高低不平的土壤表层耙平，然后整地作畦，畦宽90~120cm，畦间距40cm。提高播种效率。种植地块地势平坦，土质疏松、深厚，则可采取平畦、低畦栽培，可以省时省力，便于操作。如果土质黏重，土层较浅，可选用垄作栽培，利用高垄增加疏松的耕作层，有利于根系的发育和肉质根的生长。

（3）播种时期。播种期以9月上中旬为宜。根据当地的气候条件，结合萝卜品种的生物学特性确定适宜的播种期。若播种过早，天气炎热，病虫害严重；若播种过晚，病虫害减轻，后期温度较

低,肉质根尚未长成时天气就会转冷,生长期不足,影响产量。

(4)播种方法。依据播种地块的土质、土层深浅等确定种植方式。播种方式可人工条播或机播。条播时行距40~45cm,株距20~25cm,播种沟深2.0~2.5cm,播种后覆土并整平畦面;机播株距25cm左右,播种穴深1.0~2.0cm,每穴播1~2粒,播后自动覆土。条播每亩用种量0.4~0.5kg。机播每亩用种量0.1kg左右。

(5)田间管理。

①生长前期管理:萝卜生长前期管理以间苗为主。按照"早间苗,分次间苗,适时定苗"的原则。间苗两次,第一次间苗在萝卜第一片真叶充分展开时进行,间去弱苗。第二次间苗在萝卜5~6片真叶时进行。定苗每穴1株,株距25cm左右为宜。间苗时要去杂、去劣和拔除病苗。

②中耕除草:杂草是病菌、害虫繁殖寄生的地方,如不及时清除杂草,会影响幼苗生长。在萝卜生长前期勤中耕、勤除草,使土壤保持疏松和良好通气状态,这样也有利于保墒。中耕在间苗和定苗以后进行,中耕时避免碰伤苗根,以免引起萝卜的分叉、裂口。

③水分管理:在萝卜发芽期,为了促进种子萌发和幼苗出土,防止苗期干旱,保持土壤湿润。萝卜"露肩"以后,标志着叶片生长盛期结束,肉质根进入迅速膨大期,需水量增多。浇水原则是"地不干不浇,地发白才浇"。在收获前5~7d停止浇水,以提高肉质根的品质和耐储运性能。

④肉质根膨大期管理:此期间叶片生长减缓并渐趋停止,萝卜

肉质根迅速膨大。管理上注意浇水均匀,避免忽干忽湿,以免裂根。10月上中旬注意防治蚜虫和霜霉病。结合萝卜长势喷药防治时可加入0.2%磷酸二氢钾进行叶面追肥,确保萝卜的优质和丰产。

(6) 病虫害防治。萝卜主要病害有霜霉病、软腐病,主要虫害有蚜虫、菜青虫。在栽培中加强田间管理,合理轮作,深翻改土,清洁田园,减少虫源。霜霉病可用64%代森锰锌可湿性粉剂500~700倍或百菌清75%可湿性粉剂500~600倍药剂防治。软腐病可用中生菌素3%可湿性粉剂800倍液或农用链霉素72%可湿性粉剂3 000倍液防治。蚜虫可用5%啶虫脒乳油3 000倍液防治。菜青虫可用1.8%阿维菌素乳油3 000倍液防治。

(7) 采收。当萝卜叶色转淡黄、肉质根充分膨大成熟时及时采收。采收后把萝卜的根和顶切去,避免其在储藏中长叶抽薹,消耗养分,引起肉质根糠心,降低食用价值。

4. 莴苣栽培技术

(1) 品种选择。选择抗性较强、生长时期较短、产量高、质量好的品种,可选择绿丰王、华都5号等莴苣品种。

(2) 地块整理。萝卜收获后,每亩施用生物有机肥1 000~2 000kg、三元复合肥30~50kg、过磷酸钙20kg,深耕耙细搂平。整成宽110cm、沟宽40cm的畦,每畦可种植3行。

(3) 播种育苗。莴苣在10月下旬播种。将莴苣种子用清水洗净,纱布包好放入凉水中浸泡5~6h,将浸泡好的种子用清水冲洗干净后置于冰箱冷藏催芽,2~3d大部分种子露白即可播种。育苗

营养土用腐熟的农家肥和大田地表土混合制作，播种育苗床做成1.2m宽的厢，耙细搂平。

（4）苗期管理。莴苣苗期管理主要是间苗、除草、浇水和病虫害防治。播种后苗期注意浇水保湿。莴苣出苗后在间苗的同时进行除草。苗床要保持湿润，3~5d浇水1次，促进生长。莴苣苗期病害主要是立枯病，害虫主要是夜蛾类幼虫和白粉虱，注意加强防治。

（5）定植。莴苣幼苗生长至5~6片真叶时即可移栽。选择叶片宽大肥厚、叶色浓绿、根系发达、无病虫害的幼苗定植，完成定植后浇灌充足的定根水。

（6）田间管理。

①中耕除草：杂草不仅会与莴苣争夺土壤中的养分，还会挤占莴苣生长空间，因此发现有杂草时及时清理。定植后，由于田间操作、浇水和降雨等因素容易造成土壤板结，通常结合除草进行中耕，降低田间湿度，疏松土壤，有利于莴苣根系生长。

②肥水管理：定植后5~7d浇1次缓苗水，缓苗后控水蹲苗，蹲苗期7~10d。在无有效降雨的情况下可7~10d浇水1次，进入莲座期可追肥1次，每亩施尿素5~10kg。在遇低温时可采取覆膜措施防冻。

（7）病虫害防治。莴苣秋冬栽培常见的病虫害主要有霜霉病、软腐病、菌核病、蚜虫等。霜霉病的防治可使用58%的甲霜灵锰锌可湿性粉剂500倍溶液进行防治，间隔7~10d喷施1次药剂，连续

喷施2~3次。软腐病可用20%噻菌铜悬浮剂500~700倍液防治。菌核病防治首先要做好田间清沟排水工作，发病后可用50%菌核净800倍液防治。蚜虫可用3%啶虫脒乳油1 500倍液或10%吡虫啉1 500倍液喷雾防治。

（8）采收。在莴苣植株心叶顶端和最外叶尖高度相等的时候，即"平口"期时适宜采收。采收时将老叶全部去除，只留顶部可供食用的嫩叶，完成包装后上市销售。可在市场行情好的情况下早采收，分批上市，迟收会导致纤维增加，品质下降。

（三）毛豆—西兰苔轮作模式

毛豆栽培技术参考毛豆间作模式中果茶—毛豆模式的毛豆种植技术。西兰苔栽培技术如下。

西兰苔播种后一般苗龄35~40d时移栽定植。西兰苔定植后需要浇足缓苗水，土壤的水分管理以土壤不干为原则，浇水不能过勤过大，以免造成营养生长旺盛。定植后，施肥特点是前轻后重。苗期耐肥性较弱，施肥要轻，可以施少量肥料以配合底肥。由于西兰苔采收期长，追肥一般采取浇施，浇施可10d左右1次，每亩可浇施尿素10~15kg或复合肥20~25kg，也可以结合浇水进行施肥。

病虫害防治以生态及物理防治为主，化学防治为辅。病害主要有炭疽病、疫病。炭疽病用50%甲基硫菌灵可湿性粉剂1 000倍液防治；疫病用58%甲霜灵锰锌可湿性粉剂400倍液防治，每隔5~7d喷1次，连喷2~3次。西兰苔需要及时采收，采收过迟则易出现老化现象，失去市场价值。

（四）毛豆—大蒜轮作模式

春季毛豆栽培技术参考毛豆间作模式中果茶—毛豆套种模式的毛豆种植技术。大蒜栽培技术如下。

为防止重茬，一般大蒜不连年种植，以防病虫为害严重。大蒜对前茬作物要求不严。前茬结束后及时清洁田园，并深耕晒垡。播前整地时，结合浅耕细耙，每亩施腐熟有机肥5 000kg、饼肥100~150kg、碳酸氢铵30~50kg、磷肥15~30kg、草木灰150~200kg，撒施均匀，并使肥与耕层土充分混匀。

1. 精选蒜种

种子大小是获得高产的关键。蒜种一般人工扒皮掰瓣，去掉大蒜的托盘和茎盘，按大小进行分级，小蒜瓣根据具体情况处理。选种标准是蒜瓣肥大、纯白、无红筋、无伤痕、无糖化、无病斑。

2. 播种

按行距开沟后施少量种肥，然后将种瓣按株距栽入土中，播前做成平畦，畦宽1.0~1.6m，畦长以灌水均匀为度。株距15~17cm。

3. 田间管理

蒜田湿度不宜过大，保证在适宜的湿度范围内即可，田间水分过多极易造成大蒜沤根腐烂，引发病虫害，降低产量。所以大蒜越冬期，一定要及时清理蒜田中的水沟，以免土壤积水，影响大蒜生长。同时，还能改善土壤结构，提高地温，促进大蒜根系生长。

4. 收获

采收蒜薹最好在晴天中午和午后进行，此时植株有些萎蔫，叶鞘与蒜薹容易分离，并且叶片有韧性，不易折断，可减少伤叶。一般蒜薹抽出叶鞘，并开始甩弯时，是收获的适宜时期。

（五）毛豆—甜玉米轮作模式

春季毛豆栽培技术参考毛豆间作模式中果茶—毛豆套种模式的毛豆种植技术。甜玉米种植技术如下。

1. 播种至出苗

播种时要先浇透水，播种后搭小拱棚薄膜覆盖，要及时检查出苗情况，待有70%种子出土时，揭除薄膜。

2. 幼苗期

幼苗的生长特点是容易拔高，更容易染病，特别是猝倒病、立枯病。因此，在管理上一要适当控制苗床水分，严防灌大水；二要拉大昼夜温差；三要尽量延长光照时间，采取措施提高光照强度，以维持适宜的气温，充足的光照，促进幼苗发育健壮。

3. 环境调控

小棚内的气温超过所需温度时，应揭开小棚膜通风。下午棚温开始下降时，需盖膜保温。随着幼苗生长和气温的回升，覆盖材料应逐渐早揭晚盖。幼苗在定植前5~7d，应进行低温炼苗，以增强幼苗的抗寒能力，定植后缓苗快。可少浇水或不浇水，视表土发白时才可浇水。气温回升后，棚通风降温时间相对较长，棚内水分损失增多，应适当增加浇水次数和浇水量，以保持营养钵的湿润。浇

水要选晴天的午前用洒水壶均匀喷浇,同时,要避免连续阴雨或寒流前浇水。有机肥与控释肥有效结合使用。

4. 病虫害防治

坚持"预防为主、综合防治"的植保方针,以生态调控、农业措施及物理防治为主要手段,充分利用好本地天敌资源进行自然或人工控制。一是生态防治,应用黄板诱杀、防虫网等。二是生物防治,应用苏云氏杆菌、农用抗菌素、农用链霉素、新植霉素等防治细菌性病害。三是选准低毒低残留农药。

(六)毛豆—小麦轮作模式

春季毛豆栽培技术参考果菜—毛豆套种模式中毛豆种植技术。小麦栽培技术如下。

1. 测土配方施肥

参考前茬、土壤供肥状况,遵循产量目标法科学施肥。一般基肥亩施复合肥(15-15-15)30~40kg,播种后3~5叶期看苗追3~5kg尿素提苗。

2. 播种时期

根据小麦各品种的生育特性适时播种,是小麦一播全苗的关键。黄冈市地区推广应用的合规品种一般为春性品种,适宜播期一般掌握在10月25日至11月10日。11月10日之后播种的每迟3d增加500g播量,最高不超过15kg。

3. 播种量和包衣种子

选择包衣种子或进行药剂拌种,可选用噻虫嗪·咯菌腈·苯醚

甲环唑悬浮种衣剂等防治土传病害和地下害虫，坚决杜绝"白籽下种"。

4. 播种方式

采用20~23cm等行距种植。机播作业麦田要求做到下种均匀、不漏播、不重播，深浅一致，覆土严实，地头地边播种整齐。播种深度以3~5cm为宜。采用机条播时播种机行走速度控制在每小时5km，确保下种均匀、深浅一致。旋耕和秸秆还田的麦田，播种时要用带镇压装置的播种机随播镇压，踏实土壤，确保顺利出苗。

5. 足墒播种

充足的土壤墒情是保证小麦苗全、苗齐的基本条件。在适播期内，要趁墒抢种，若土壤墒情不足，播种后要及时浇蒙头水。

（1）前期管理。

①查苗补种，疏密补稀：缺苗在15cm以上的地块要及时催芽开沟补种同品种的种子，墒情差时在沟内先浇水再补种；也可采用疏密补稀的方法，移栽带1~2个分蘖的麦苗，覆土深度要掌握上不压心，下不露白，并压实土壤，适量浇水，保证成活。

②病虫草害防治：11月上中旬至12月上旬，日平均气温10℃以上时及时防除麦田杂草。小麦3~4叶期，日平均温度在10℃以上时及时机械防除麦田杂草。双子叶杂草每亩用5.8%双氟磺草胺悬浮剂10mL或20%氯氟吡氧乙酸乳油50~60mL，兑水30kg喷雾防治。单子叶杂草每亩用3%甲基二磺隆乳油30mL，兑水30kg喷雾防治。野燕麦、看麦娘等禾本科杂草每亩用6.9%精噁唑禾草灵

水乳剂60~70mL或10%精噁唑禾草灵乳油30~40mL，兑水30kg喷雾防治。除草一定要喷足水量。

越冬前是小麦纹枯病的第一个盛发期，可选择噻呋酰胺等药剂兑水50kg均匀喷洒在麦株茎基部进行防治。

（2）中期管理。适期播种的小麦一般在1月底至2月上旬进入拔节孕穗期，是产量形成的关键时期，抓好春季管理是小麦管理的关键。

①分类促弱控旺，施好拔节肥：晚播苗、三类苗和脱肥苗，建议提早施用拔节肥（12月底施用），以促进弱苗转壮，争取足穗；一二类苗，建议适当将氮肥后移至拔节期，有利于培育壮秆大穗，拔节肥一般可亩施尿素8~10kg和复合肥（15-15-15）10~15kg（施肥时间1月下旬）。对播量过大（亩播量15kg以上）、群体数量偏多地块，将拔节肥适当推迟至拔节末期，适当控制无效分蘖数量，争取实现节肥增效（施肥时间为2月中旬）。

②及时化控，防倒促壮：小麦化控的目的是促根壮苗，健壮植株，促进根系发育，使根系发达，抓地牢稳，缩短小麦茎基部第1、2节的节间距，使小麦茎秆粗壮，韧性好，促进有效分蘖，同时促进小麦生根，使小麦根系发达，叶片宽厚浓绿，行间通透性良好，为稳产高产打下坚实的基础。根据田间长势喷施多效唑等化学调节剂，在1月底至2月初每亩选择40~80g 15%多效唑兑水30kg喷雾。

③清理"三沟"，防渍防旱：要及时清沟理墒，疏通田内外沟

系，保证排水畅通，做到雨止田干、沟无积水。

④适时开展化学除草：对冬前未能及时除草而杂草重的麦田，拔节前应及时进行化除。建议到正规门店购买价格合理的小麦专用除草剂，并选择晴朗无风、气温维持在10℃以上的天气进行。

⑤及时开展病虫害绿色防控：近年来，纹枯病、条锈病和赤霉病经常性大发生，传统的"一喷三防"防病增产技术已不能满足当前病虫害的发生形势，需要在后期开展"一喷三防"的基础上，根据天气情况，提前喷一遍条锈病和赤霉病防治药剂。

在药剂选择上，咪鲜胺和多菌灵的抗药性逐年加大，防治效果有限，建议选用一些新的药剂，如丙硫菌唑和氰烯菌酯单剂或复配剂、多菌灵·氟环唑、戊唑·百菌清等。做到发现一点、防治一片。

(3) 后期管理。

①灌浆期"一喷三防"：灌浆期是多种病虫重发、叠发、为害高峰期，4月下旬用杀菌剂+杀虫剂+叶面肥进行叶面喷洒，以补肥防早衰、防干热风危害，提高粒重，改善品质，提高商品性。无人机高浓度喷雾需要先做小面积试验，确定合适浓度。

②适时收获，预防穗发芽：在蜡熟末期至完熟初期适时收获。若收获期有降雨过程，应适时抢收，天晴时及时晾晒，防止穗发芽和籽粒霉变。

(七) 毛豆—冬油菜轮作模式

毛豆—冬油菜轮作模式合理的利用光热资源，既利于恢复毛豆

第三章 毛豆高效栽培技术

生产,又具有较高的种植效益。

1. 毛豆栽培技术要点

(1) 品种选择。要保证复种毛豆高产,选用生育期适中的良种至关重要。夏季气温高,毛豆生育期缩短,早熟品种产量不高,而迟熟品种生育后期易遇高温干旱,出现高温逼熟、籽粒不饱满等现象。因此,夏播毛豆宜选择中熟或者中熟偏早的品种,如冈鲜豆4号、冈鲜豆5号、奎鲜系列等。

一般选择在5月下旬至6月上中旬播种。夏播毛豆宜适当增加种植密度。每亩密度1.3万~1.6万株,分枝多的品种宜稀,分枝少的品种宜密,高肥力地块宜稀,低肥力地块宜密。

(2) 灌水抗旱。毛豆如遇高温干旱天气,为保证出苗,播种后应马上进行田间灌水,待土壤吸足水后,立即排水,切忌浸水时间过长。花荚期是毛豆生育期中需水的关键期,此时正值高温天气,土壤干旱时(连续10d以上无有效降水),须立即灌水,以防止落花落荚,增加单株粒数,提高籽粒饱满度。灌水以水不漫过厢面为宜,灌后及时排干厢沟中的积水。收获9月上旬开始,当叶片失绿或鲜荚饱满时及时采收。

(3) 病虫害防治。油菜、毛豆复种可以减轻毛豆病害的发生,夏播毛豆病害发生较轻。但夏季高温天气,是虫害发生的高峰时期,必须加强虫害的防治。在开花结荚期必须进行豆荚螟、食心虫及椿象(或蟓)类害虫的防治,一般在始花后7~10d第一次用药,连续喷药2~3次,可用菊酯类药剂和吡虫啉或者氟虫腈喷施。

· 157 ·

另外,出苗期应注意预防鸟害,结荚壮籽期要防治鼠害。

2. 油菜栽培技术要点

(1)品种选择。推荐选择经过国家级或省级审定,并在生产上大力推广示范的新品种,品种丰产性好、抗性强、生育期较短的早熟或者中熟偏早的品种。

(2)适时播种。适期播种是冬油菜高产的关键。结合当地的气候特点及茬口安排需要,最晚10月中旬前完成播种。一般采取直播栽培,可条播、穴播和撒播等,播种适量。

(3)田间管理。在3~5叶期,查苗补苗,移密补稀;根据土壤肥力、基肥用量和苗情长势,在越冬期即翌年元旦前后每亩追施尿素7~8kg和氯化钾3~4kg。

(4)病虫害防治。在油菜苗期和抽薹开花期,注意药剂防治蚜虫、菜青虫等。

(5)收获。油菜收获的早晚不仅影响自身产量,而且影响复种毛豆的播种期及产量。冬油菜宜在5月上旬左右收获,当70%~80%的角果呈淡黄色时应及时抢收,然后马上翻地,抢时播种毛豆。

(八)水稻—毛豆水旱轮作模式

毛豆是养地作物,在轮作中具有重要的作用。水稻和毛豆轮作是一种很重要的栽培制度,对改良土壤结构、提升地力水平和保障粮食安全具有重要的作用。水稻和毛豆轮作主要有两种方式:一是3—4月播种早稻,7—8月早稻收获后种植夏毛豆或秋毛豆;二是

3—4月种植春毛豆，7月收获后种植晚稻。下面主要介绍"早稻—毛豆"水旱轮作栽培技术要点。

1. 早稻栽培技术要点

（1）品种选择。选择综合性状好、米质优、生育期适中的、耐寒抗病的高产品种。

（2）播种。早稻一般采取湿润薄膜育秧或旱育秧，要根据当地气温变化，抓冷尾暖头，气温稳定在12℃左右播种。于3月下旬播种，保温育秧，4月下旬移栽，秧龄1个月以内。

（3）合理密植，插足基本苗。插秧密度，一般早稻杂交稻不小于4万~6万株/亩，常规稻不低于8万~10万株/亩。

（4）抓好肥水管理。早稻施肥，要求基肥足、追肥早，氮、磷、钾配合施用。

（5）病虫害防治。早稻种植过程中主要发生的病虫害有二化螟、稻瘟病、纹枯病、稻蓟马、稻纵卷叶螟、稻飞虱，前期主要防叶瘟、二化螟，中后期要注意纹枯病、稻纵卷叶螟。建议及时关注当地病虫情报，多观察田间，合理选择低毒、高效农药防治。

（6）防倒伏。首先要能晒好田，适时晒田不仅能控蘖，还有利于促发根、壮秆；合理施氮肥，增施磷钾肥，补充硅锌肥，促进水稻茎秆的健壮，提高抗病抗倒伏能力。

2. 毛豆栽培技术要点

（1）播种。7月下旬至8月中下旬播种，每亩准备种子4.0~

7.5kg，每亩有效苗 1.6 万~2.0 万株。

（2）施肥及水分管理。施足基肥、早施苗肥、重施花荚肥、补施鼓粒肥。播种时如土壤干旱，播前 3d 灌水湿润后播种；苗期应适当控制水分；分枝后旱灌涝排，保持土壤湿润。

（3）病虫害防治。在苗期和初花期要加强蚜虫防治，以阻断病毒病传播媒介；花荚期要加强豆荚螟、斜纹夜蛾、食心虫等虫害防治，同时也要做好霜霉病和炭疽病的防治工作。

（4）采收。毛豆 80% 以上的植株豆荚饱满、豆荚呈翠绿时采收；若毛豆采收干籽时，需待植株落叶达 90% 以上收获。

第四章 毛豆育种与良种繁育技术

第一节 毛豆育种

一、毛豆的育种方法

目前世界商业化菜用大豆生产所用的品种主要来自日本和中国台湾。日本的菜用大豆育种有较高的水平，如"茶豆"风味独特，"丹波黑"粒大色深，是地方品种中的精品。日本的菜用大豆育种主要朝着早熟、大粒、荚果鲜绿、灰毛的方向进行，多数品种为私营种子公司选育。育种方法以杂交育种为主，采用系谱法对后代进行选择，辐射育种也有部分采用（Takahashi，1991）。中国台湾的菜用大豆育种水平居世界领先水平。亚洲蔬菜开发中心（AVRDC）1976—1978年对200份大粒品种在田间进行种质筛选，这是AVRDC第一次进行菜用大豆育种相关的研究。根据粒大小和鲜荚产量选出了5份种质，经1979年春、夏、秋3个季节进行评价、鉴定。最后选出了G8547可作为菜用大豆，其百粒重429g、

灰毛。1980—1983 年从日本引进 51 个菜用大豆品种，经过筛选认为从品种 Taneho、Rykukon、Nakateaori 和从 Taishiroge 中选出的一个纯系可作为菜用大豆，进行进一步的评价。1984 年对 2 898 份大豆种质进行筛选，以灰毛、大粒、单株荚数及其他性状类似 G9053 的特性为选择标准，共鉴定出 26 份种质可以作为菜用大豆。在这 26 份种质中，13 份来自日本、8 份来自朝鲜、5 份来自中国台湾。上述种质连同最初引进的 Rykukon（中国台湾俗称 305）、Tzurunoko（中国台湾俗称 205）构成了 AVRDC 菜用大豆育种的基础亲本池，AVRDC 以后培育的菜用大豆材料基本上含有这些种质的血缘。

20 世纪 90 年代后菜用大豆成为 AVRDC 大豆育种的主要内容，又陆续培育出一批产量明显超过"AGS292"的品种和品系，如 KSI、KSZ、KS3、AGS334、AGS335 等。其中高雄 1 号良种比原栽培种增产 20%~30%，又容易脱荚，极受菜农欢迎，尤其能符合日本进口商的要求。在品质育种方面，除重视菜用大豆的甜度、风味、香味外，从 1993 年开始将脂肪氧化酶 3 缺失基因导入菜用大豆"AGS292"和"高雄 2 号"，1995 年报道已获得"三无"高代品系。另外在菜用大豆组织培养方面已建立了"高雄 2 号"的再生系统。通过基因枪轰击后进行农杆菌共感染的转化方法，将高含硫氨基酸基因导入"AGS292"的研究正在进行中。

在菜用大豆育种过程中，亚洲蔬菜研究发展中心提出了具体的考察性状（17 个）、育种目标和选择标准（21 条）：①秆强抗倒、具有发达的根系；②延迟开花，播种至开花最少为 40d；③10~14

个节;④较少的分枝;⑤较大的窄小叶;⑥R6~R8时期较长;⑦对光周期和温度反应较钝化;⑧每株15~20个荚,40万株;⑨荚宽1.04m;⑩荚长5.50cm;⑪2粒荚或多粒荚为主;⑫荚和种皮颜色为亮绿色;⑬灰毛;⑭灰脐或浅褐脐;⑮荚易剥;⑯第一个荚着生位置离地面高度最少10cm;⑰抗细菌性斑疹病和霜霉病;⑱耐大豆锈病;⑲干种子百粒重不小于30g;⑳茎和荚上没有不理想的腺体或斑点;㉑种子最好无脂氧酶。

在我国菜用大豆新品种选育目前常采用4种育种策略。策略之一:用热带粒用大豆与温带菜用大豆杂交,然后用温带菜用大豆作轮回亲本进行回交或修饰性回交,回交次数根据非轮回亲本的籽粒大小而定。策略之二:将窄小叶基因 $luln$ 导入菜用大豆中。因为窄小叶与3粒荚、4粒荚数相关,以此增加2粒以上荚的频率。策略之三:研究基因型变异、环境变异和二者之间的互作,以选择广适应性品种。结果表明,尽管基因型间有足够的变异可选适当的菜用大豆,但基因型与环境的互作是变异的主要来源。因而,选择特定地区的基因型是需要的。策略之四:采用适当的鉴定标准间接选择菜用大豆。另外,AVRDC还认为初生叶的大小与百粒重有强相关,也可以作为粒大小的早期选择标准。

20世纪以来由于菜用大豆的迅速发展,菜用大豆的育种已经成为大豆育种的一个重要内容。徐兆生等从国内搜集的菜用大豆资源材料中筛选出两个优良地方品种黄籽豆和五月半。徐树传等探讨了以模糊数学方法对菜用大豆新品种进行筛选,并以15个

较有希望的菜用大豆品种与对照 292 进行对比试验，通过模糊聚类筛选出锦秋为有希望推广的菜用大豆新品种。王述民等应用联合分析方法在全国 4 个不同生态试验点进行生育期、株高、单株荚数、百粒重及产量的鉴定及性状变异分析，并从中选出适合不同生态地区推广种植的优良菜用大豆种质。杨示英等自 1997 年起，经 4 年 6~8 代从全国各地收集引进的 125 份材料初步鉴定筛选出桂品 65 号、桂品 15 号、8-2、2422、122 这 5 个大粒、高产、优质菜用型大豆新品系，供生产选用。国内南方部分大豆科研单位正在进行菜用大豆新品种的选育工作。十几年内先后育成了一批优秀菜用大豆品种，如南农菜豆一号、南农菜豆五号、南农 87C-37、南农 87C·38、楚秀、新六青、海系 13、滁豆一号等。

菜用大豆由于常遭到花叶病毒病、炭疽病及豆荚螟等病虫害的为害，出现畸形荚、不完全荚、虫蛀荚及斑点荚，不仅影响了产量，而且使外观品质和商品性明显下降。再者菜用大豆是采收鲜荚食用，对农药残留的要求更为严格。因此应加强抗病虫育种，选用抗病虫品种和生物防治是减少农药污染的有效途径。

二、毛豆的选育

毛豆口味鲜美、营养价值高，是我国南方地区栽培的重要蔬菜品种之一。南方地区春季多雨、夏季高温等自然环境条件，导致毛豆春播制种时，在结荚中后期，豆荚霉烂、发芽率降低，夏播制种

时又因高温、干旱等因素，导致种子急剧失水皱缩，对发芽率和外观品质产生较大影响。因此，为保障毛豆种子正常扩繁，利用我国秋季干燥的气候特征和毛豆生育期较短的作物特性，开展毛豆秋繁制种技术研究，并形成以下技术，以期为我国南方地区毛豆种子正常扩繁、新品种选育及良种产业化生产提供指导和参考。

1. 明确育种目标

育种目标要与经济发展、实际需求相符合，即在高产的前提下，培育出有性状特色的品种，根据设定的育种目标选择合适的亲本，进行育种思路的创新。

2. 亲本的选配

亲本优点多，且优缺点互补，以达到最佳组合，亲本性状选以产量因子表现优异的为首选，同时兼顾抗病、品质和适应性，同时配一些抗病组合和优质组合。选择当地推广品种之一作为亲本之一，因为当地品种适应性好，性状综合表现也好，易配出正确的杂交组合。两亲本亲缘关系要远，这样杂交后代可以通过基因重组得到更好的性状，表现出超亲优势。

3. 后代选择原则

理想株型很重要，节间短，秆韧性好，抗倒伏，亚有限或有限结荚习性，结荚以2、3粒荚为主，籽粒大小适中。理想的生物学特性，生育过程中，根系要发达，生长稳健。整体上说，优质高产作为育种目标的第1位。后代选择上 $F_1 \sim F_2$ 选单株，重点是选合适熟期、株高这两个性状；F_3 除继续选择熟期、株高性状之外，兼顾丰产性、抗病性、抗倒性等主要育种目标。F_4同F_3目标和选择原则一致。不好的组合可淘汰，先选组合，后选单株。$F_5 \sim F_7$代主要考虑品质及丰产性。$F_8 \sim F_9$决选品系比产。

(1) 单株选择法。根据选种目标选择单株并分别编号，分别储藏，分别隔离授粉，分别采收种子，各单株种子不得混合，以后每单株后代分别播种一个小区，以原品种为对照，进行株系间比较，从中选出性状基本稳定、符合选种目标的株系留种。各株系间进行隔离，株系内混合授粉，混合采种，若自交一代性状还不稳定，不符合选种目标，则要在各株系内继续选择优良单株，单独授粉，单独采种，一直到符合选种目标，性状稳定为止。

(2) 混合选择法。就是选择符合目标、性状相似的单株混合留种，混合储藏，混合授粉，混合采种。对选出的后代，与原品种及当地的主栽品种进行对比试验，选出符合选种目标、综合性状超过对照的后代，直接应用于生产，并且以后还可以继续进行多代混合选择。此方法属于表现型选择法，优良的显性基因性状得到了选择，而对于某些不良的隐性基因较难进行选种淘汰。生产中应与单株选择法相结合，灵活应用。

第二节 良种繁育与种子生产

一、良种繁育

良种繁育多采用原种和生产用种的二级留种制度。原种的生产

应选用优质种子。生产用种的繁殖用原种进行。

1. 种植环境

毛豆秋繁制种时应选择排灌方便的场地,避开低洼、贫瘠的黏性土地,避免水淹的同时还需考虑秋季高温干旱天气影响。

2. 品种选择

经审定的适宜本地种植的高产、优质、商品性好的毛豆品种均可适用,如冈鲜豆1号、冈鲜豆2号、沪鲜6号、09-5等毛豆品种。

3. 生产管理

(1) 整地与施肥。在6月中下旬,提前翻整土地,整地前撒施基肥,基肥采用有机肥配合化肥施用。即商品有机肥100kg/亩,N-P-K(16-16-16)复合肥20kg/亩。

(2) 播种。

①播种时期与方式:播种期一般为7月上中旬,根据品种特点和天气情况可适当调整播期。可根据当地条件和播种习惯,采用机播或人工播种,进行穴播或条播。

②密度:保苗2.0万株/亩左右,株行距为0.08m×0.4m。

(3) 田间管理。

①追肥:苗期(3~5叶期)结合长势可撒施N-P-K(16-16-16)复合肥10kg/亩进行追肥;始花期施用尿素15kg/亩,花期后期和结荚期可将磷酸二氢钾150g/亩、尿素350g/亩、硼中钼40g/亩,兑水50~75kg/亩进行叶面喷洒,几种肥料也可单独施用。整个生育期,喷施1次叶面肥。

②控旺：秋繁一般无须控旺，长势过旺可在初花期根据植株长势，施用15%多效唑40g兑水60kg/亩进行1次喷雾。

③水分管理：适时排灌，确保水分需求。

④除杂：田间严格去杂是种子扩繁保纯的关键。可根据扩繁品种的叶形、株高、茸毛色、花色、荚色和荚形等外观特征差异，在开花、结荚期严格去除杂株。

⑤摘叶：在毛豆生长后期，叶片脱落异常时，可适时摘除部分叶片。

(4) 常见病虫草害防治。

①常见草害防治：

化学防控：豆田除草以化学防控为主，可分为芽前除草、茎叶除草。

芽前除草：毛豆播种后，墒情好的地块在播后3~4d喷药，墒情较差的地块在出苗前4~5d时结束喷药。药剂可选择（48%乳油），用量400mL，兑水60kg/亩喷雾。

茎叶除草：毛豆出苗后2~4片复叶、杂草3~5片叶，进行防除。可选择施用10.0%精喹禾灵乳油（30mL）+250g/L氟磺胺草醚（25g），每亩用量120mL+100g，兑水60kg喷雾。

②常见病虫害防治：

病虫害防治分类：病虫害防治应根据田间发生情况，以化学、物理防治为主。喷施农药、安装杀虫灯、释放天敌和性诱剂等防治虫害。喷施生物农药和化学农药防治病害。

常见病害防治：大豆常见病害有花叶病毒病、根腐病、霜霉病、白粉病等。

常见虫害防治：大豆常见虫害主要有蚜虫、卷叶螟、点蜂缘蝽、烟粉虱等。

选择优良父本与母本有性杂交，采用系谱法。翌年单粒播种，选择优株摘单荚混收得 F_1 代种子，室内剔除杂质籽粒，在高代株系 F_6 鉴定圃中鉴定综合性状表现优良株系，参加品比试验 $F_7 \sim F_8$，挑选品比优良的参加区域试验。

二、种子生产

1. 毛豆生产区域特点

（1）毛豆生产区气候特点。以湖北省为例，湖北省年均温 14~18℃，绝对最高温可达 38℃以上，4—10 月平均温度 21~24℃，大于 10℃积温 4 600~6 000℃，无霜期 240~300d，年降水量 1 000~1 500mm，雨热资源丰富，年日照时数 1 700~2 400h，光照条件稍差。该区域属亚热带季风气候，冬季温和少雨，夏季高温多雨。春夏季降水较多。每年 6—7 月受夏季风和北方冷空气的影响，形成"梅雨"，出现长时间的连阴雨天气。梅雨季节时间的长短受"江淮准静止锋"的影响大。梅雨季节过后受西太平洋副热带高压影响，且少台风活动，会形成"伏旱"。因此该区域气候条件较为异常，常有梅雨渍害、洪涝、伏秋连旱或连阴雨、台风等灾害天气。

（2）毛豆生产区地形特点。湖北省地形复杂，在星罗棋布的水域影响下,该区域平原与丘陵交错,其中,湖北省东、西、北三面环山,中部为"鱼米之乡"的江汉平原。湖北省沿江和江汉平原是该区域主要的毛豆种植区。

(3) 毛豆生产区农业生产特点。种植土壤在平原地区以潮土和水稻土为主,肥力较好;丘陵和南缘多为酸性的红壤、黄棕壤,肥力较差;该区域农业生产发达,采取一年二熟或三熟制度,土地垦殖指数高,同时该区域还盛产稻米、小麦、棉花、油菜、桑蚕、苎麻等。河汊纵横交错,湖荡星罗棋布,盛产鱼、虾、蟹、莲、菱、苇,俗称"鱼米之乡",是我国重要的粮、棉、油生产基地,也是重要的豆制品生产、加工基地,是我国优质毛豆主产区域之一。

2. 毛豆生产区毛豆生产现状

长江中下游地区是我国高蛋白毛豆、鲜食毛豆的主要产区,独特地理环境和气候资源,产出了优异的高蛋白毛豆和高品质毛豆,也造就了美味的豆制品以供应全国,甚至出口海外。该区域毛豆以春毛豆、夏毛豆、秋毛豆栽培为主,全年种植面积超 50 万亩,产量 30 万 t,是我国重要的食用毛豆种植区之一。且该区域种植茬口(制度)多样化发展,有面积较大的油菜(麦)—毛豆轮作,也有蔬菜—毛豆轮作、果园—毛豆间作等多种栽培制度。

三、种子加工

种子成熟收获后,需对种子进行处理和加工,其程序主要包括干燥、清选和包装。

第四章 毛豆育种与良种繁育技术

1. 种子干燥

毛豆种子采收后如不予干燥,湿种子堆放易发热或霉变烂死,有些种子因含水量大,还容易发芽。因此,种子干燥是确保种子安全储藏、延长使用年限的重要措施。种子经过干燥,不仅可降低种子含水量,还可杀死部分病菌和害虫,削弱种子的生理活性,增强种子的耐储性。

种子干燥的快慢主要与空气的温度、湿度及空气流动速度有关。如果将种子置于温度较高、湿度较低、风速较大的条件下,干燥速度快,反之则慢。但提供种子干燥的条件必须在确保不影响种子生活力的前提下进行。如刚收获的种子含水量较高,且大部分种子处于后熟阶段,生理代谢作用旺盛,因此在干燥时常采用先低温通风再高温的慢速干燥法。否则,即使种子达到干燥的要求,由于种子生活力已受到影响,也就失去了干燥的意义。

种子本身的结构及化学成分对干燥的要求也有所不同。毛豆种子中含有脂肪,属于不亲水性物质,水分比较容易散发,可用高温快速条件进行干燥。但由于种子籽粒小种皮松脆易破,毛豆种子干燥主要采用自然干燥、太阳干燥以及人工机械干燥3种方法。

(1) 自然干燥。是指处于成熟期或储藏期间的种子,由于种子内水汽与空气湿度的差异,自然失去水分的过程。受空气温度、湿度和风速的影响较大。

(2) 太阳干燥。方法简易,成本低,经济且安全,一般情况下不易丧失生活力。但有时会受到气候条件的限制,同时必须注意晒

前全面清理晒场，以免造成机械混杂。此外，所有蔬菜种子都不宜直接放在水泥晒场上暴晒，以防温度过高，损伤种子。在利用太阳干燥时，要薄摊勤翻，让种子增加与日光干燥空气的接触面，使种子干燥均匀。

（3）人工机械干燥。也称机械烘干法，具有降水快、工作效率高、不受自然气候条件限制等优点。但人工机械干燥设施较为昂贵，而且技术要求较严格，使用不当种子容易丧失生活力。在有条件的单位，可以借用粮食加工上的烘干设施，但必须选择安全可靠的机械干燥设施。

2. 种子清选

种子清选直接影响种子的产量和质量。通过清选把枯枝碎叶、种壳、土块、虫卵等清除干净，从而提高种子的使用价值，减少病虫的传播。毛豆种子清选常用的方法有风扬分离、筛选分离及比重分离。

（1）风扬分离是利用鼓风机使轻的种子与重的种子分离，使种子与较轻的杂质碎屑灰尘等分离。

（2）筛选分离是利用筛孔的大小、形状使种子分层过筛，将夹杂物清除。

（3）比重分离的原理主要是根据种子和夹杂物在密度或比重上的不同来进行分离。根据种子比重的不同，来收集种粒重大的种子，清除较轻的夹杂物。3种方法可单独使用，也可将2种或3种方法结合起来使用。目前多使用具备以上3种功能的小型精选机可

以进行精选。

3. 种子包装

在毛豆种子储藏、运输及销售等过程中，为了防止品种混杂、变质和病虫为害，保证种子具有旺盛的生活力，应对生产上使用的毛豆种子进行适当的包装。另外，规范的种子包装也有利于增强国内外市场竞争能力，防止假冒伪劣的散装种子流入市场。

对种子包装的基本要求，一方面要求包装容器必须防潮、无毒、不易破裂、重量较轻。目前广泛使用的有尼龙编织袋、纸袋、铁皮罐、聚乙烯铝箔复合袋及聚乙烯袋等。尼龙编织袋主要用于大量种子短期储藏或运输时的包装。铁皮罐适于长期储藏的原种和原始材料。纸袋、聚乙烯铝箔复合袋、聚乙烯袋等主要用作种子零售的小包装。另一方面要求包装的种子含水量和净度应符合国家标准，并应在包装容器上加印或粘贴与所包装种子相符合的标签，按照国家种子法规定的标准，注明作物和品种名称、采种时间、种子的质量标准、种子数量及栽培技术要点等。

四、种子储藏

种子生产和保藏是湿热地区菜用大豆生产的难点之一。在我国南方，菜用大豆种子收获后，由于高温、多雨、高湿，致使种子生活力下降，加上需要经历一个高温多雨的夏季储藏，种子活力大受影响。而且春季多风多雨，不利种子出苗，严重时还影响全苗，造成减产，成为发展菜用大豆生产的一大障碍。古明首利用春秋两作

高雄3号菜用大豆种子做材料，探讨种子构造及种子发育期间糖类含量变化与种子老化间的关系，以了解春作菜用大豆种子发芽率较秋作菜用大豆种子发芽率低的原因。由电子扫描显微镜观察的结果显示，春秋两作菜用大豆种子的种皮与子叶细胞构造有明显差异。种子糖类含量的结果显示，糖类含量的下降与种子发芽率降低有关。长江中下游地区春播菜用大豆品质性状的鉴定、相关遗传变异要求相对湿度较低。种子含水量降至8%~10%，然后密封包装，储于2~8℃的环境中，可保持种子活力一年。孟祥栋对杭州本地早熟菜用大豆四月拔的种子进行不同的简易储藏方法试验，以寻求有效地防止菜用大豆种子越夏储藏过程中活力下降的措施。研究表明，将种子含水量降至6%左右，并用塑料袋密封，可以有效地防止菜用大豆种子在高温高湿夏季气候条件下活力下降，是一种简易有效的方法。环境因素对菜用大豆出苗率的影响大于自身种质特性。影响菜用大豆种子活力的主要因素是成熟收获期和储藏期间的环境条件，成熟收获前高温、潮湿天气可使种子在植株上变质，高温、干燥条件下成熟的种子质量低劣；高温、高湿等不利储藏条件会使菜用大豆种子活力丧失；好的储藏条件能减缓种子衰老，低温（4℃）密封储藏有助于菜用大豆种子活力的保持。唐桂香研究结果表明，秋播种子活力下降慢，夏播次之，春播种子活力下降最快。与种子活力相应的生理生化指标种子外渗量、过氧化物酶活性和游离脂肪酸值均以秋播种子表现为优势。盖钧镒认为，对于菜用大豆种子的生产宜采用春菜用大豆夏繁或秋繁种子，来源少且经济效益

第四章 毛豆育种与良种繁育技术

好的大豆品种夏收后可随后秋播繁种。加强南、北方联合，使北方成为南方地区菜用大豆的种子基地，实现北种南调，形成选育专用品种、良种供应、鲜荚生产、加工储藏的规模发展，拓宽市场增加效益。

对于不抗裂荚品种，采用人工分段式收获。当干枯豆荚达50%以上时，进行人工收割，晾晒至豆荚全部干枯时脱粒。对于抗裂荚品种，除了人工收获外，还可进行机械收获，当干枯豆荚达95%时，当摇动时开始有响声的植株达50%以上时，可进行机收。

收获后，利用后熟作用，将收割的毛豆植株平铺于干燥地表，适度晾晒，待毛豆植株彻底干枯后进行脱粒处理，经晾晒，水分在12%以内、杂质控制在1%以内。通过筛选，种子符合《大豆》（GB 1352—2023）要求。

将晾晒好的毛豆种子，通过筛网，杂质控制在1%以内，可进库保存。仓库需防潮、防鼠，通风干燥。育种材料等特殊用途的种子可置于冷库中保存。

种子收获后一般不会立即播种，特别是商品种子往往需要经过一段储藏时间，因此在储藏期间内保证种子的生活力也是保证生产需要的必要措施。

在储藏过程中，有多方面的因素影响种子的生活力。一是种子本身的因素，毛豆种子为中寿命种子（或称常命种子），寿命一般在3年左右。二是储藏环境的因素，即储藏期间的温度、湿度及空气成分对储藏种子的生活力也有决定性影响，它们通过影响种子的

呼吸而起作用。种子若处于高温、高湿和有氧的条件下，呼吸作用旺盛，加速营养分解消耗并产生大量的热，从而造成种子变质霉烂。如果种子处于高温、高湿和缺氧的条件下，种子被迫进行较强的无氧呼吸，造成有毒物质的积累，从而导致种子中毒而失去发芽力。一般在低温、干燥条件下储藏可延长种子寿命和使用年限。

此外，毛豆种子在母株上形成时的生态条件、种子收获、脱粒、干燥、加工和运输过程中如果处理不当，或储藏过程中受病虫为害也会对储藏种子的生活力造成一定的影响。

第五章　毛豆的食用与加工

随着食品科技的发展和消费者健康意识的提升，毛豆作为一种营养丰富的豆类食品，其加工和利用方式日益多样化，对提升农民经济收益和满足市场需求具有重要意义。

毛豆，作为一种富含植物蛋白和多种微量元素的豆类，不仅是亚洲饮食文化中的重要组成部分，也在全球范围内逐渐被认可为健康食品。然而，毛豆的保鲜期较短，采后处理和加工方式直接影响其市场供应和消费体验。因此，探索有效的毛豆加工和利用方法对于提高其商业价值具有重要研究价值。

研究表明，气调储藏和速冻储藏是延长毛豆保鲜期的两种有效技术。气调储藏通过调整存储空间内的气体比例（如降低氧气浓度和提高二氧化碳浓度）来延缓毛豆的生理过程，从而延长保鲜期。而速冻储藏技术则通过快速冷冻毛豆，有效地保留了其色泽、口感及营养成分，适用于远距离运输和长期储存。

毛豆的初加工包括清洗、预冷、分类和包装等步骤。这些处理不仅去除了毛豆表面的污染物，还能通过预冷处理迅速降低温度，减缓呼吸作用，延长保鲜期。另外，根据毛豆的大小、成熟度进行

分类,能更有效地满足不同市场需求,提升产品竞争力。

在毛豆的深加工方面,技术创新不断推动产品多样化。例如,油炸毛豆、毛豆脆片、即食毛豆等产品近年来越来越受到消费者的欢迎。这些深加工产品不仅丰富了毛豆的消费方式,还大大提高了其附加值。例如,开原市等地通过引进先进加工生产线,实现了毛豆的工业化和规模化生产,显著提升了当地毛豆产业的经济效益。

开展毛豆加工与利用技术,延长毛豆产业链条,提升农民收益和满足市场需求方面的潜力。未来,随着科技进步和消费者偏好的变化,毛豆加工业有望向更高效、环保和营养健康的方向发展。同时,通过产业链上下游的协同发展,将进一步促进毛豆产业的可持续发展。

一、香糟毛豆

1. 杀青工艺

香糟冷食毛豆杀青工艺:选材→护色→热烫→冷却。

选材:选择外形完整、新鲜的毛豆。

护色:将洗净的毛豆置于盐水中浸泡,达到护色的目的。

热烫:调节水浴锅达到一定温度,用温度计确认后,将毛豆样品置于水中热烫,并计时。

冷却:热烫之后,将毛豆取出,快速冷却。

2. 加工工艺

香糟冷食毛豆加工工艺:调配糟卤→选材→称量→加压→称

第五章 毛豆的食用与加工

量→烹煮→成品。

调配糟卤：称取100g香糟，并按比例取香料、黄酒和盐、姜、蒜，完全溶解之后，用纱布进行过滤，得到澄清糟卤液。

称量：分别称量毛豆抽真空前后的质量，计算质量的差量。

加压：将毛豆清洗后浸于糟卤之中，在0.4MPa压力条件下加压2min，恢复常压后，再次加压处理，如此操作3次，使糟卤渗入豆荚中。

烹煮：将毛豆置于糟卤中煮8min至熟。

3. 糟卤调配

糟卤的调配用到的原材料为黄酒、香糟、香料、盐、姜、蒜等。按一定的比例调配；称取3g茴香、1g八角、1g花椒，加入300mL水中，煮至200mL。把香糟、黄酒、香料水按1:3:1比例混合，将香糟溶解于其中，用纱布过滤得澄清液后，加入盐、姜、蒜，盐浓度为3.5%。香糟毛豆外观、香味、滋味等感官评价较好。

二、毛豆休闲产品

1. 工艺流程

鲜毛豆→预处理（筛选、清洗）→烫漂→护色→加料煮制→沥干→去荚→热风预干燥→预冷冻→真空冷冻干燥→包装。

2. 工艺要点

预处理：对新鲜毛豆进行筛选，挑选出新鲜、完整、饱满的鲜毛豆，用水对其进行清洗。

烫漂：将500g带荚毛豆放入95℃水浴中，料液比为1∶5（g∶mL），记录水温变化，当其温度达到95℃，维持2min，然后取出置于筛网上，冷却至表面无水分为止。

护色：在烫漂时加入护色剂进行处理，护色剂分别为柠檬酸、L-半胱氨酸盐酸盐和抗坏血酸，比例分别为2%、0.15%和0.15%。

煮制处理：将护色处理的毛豆，加入2%的食盐、1%的白糖、1%的花椒、0.5%的八角和0.2%的桂皮，料液比为1∶5，加热煮沸20min，对其进行煮制。

热风预干燥：将熟制后的毛豆去荚，平铺于托盘中，放入电热恒温鼓风干燥箱进行热风干燥。

预冻：将热风干燥后的毛豆粒分装于托盘中，于冷库中预冻24h，结束后采用不同干燥工艺对速冻好的进行脱水处理。

脱水干燥：将预冻好的毛豆粒放入冻干机真空室内进行干燥，干燥毛豆粒水分至5%以下，得到休闲毛豆产品。

包装：将干燥结束的休闲毛豆产品立即放入塑料罐中进行密封，每罐中放入一份脱氧干燥剂。

三、毛豆速冻加工

1. 工艺流程

原料选择→清洗→开水煮烫→冷却→沥水→速冻→包装→封口→装箱→成品冷藏。

2. 工艺要点

（1）适时采收。采收时豆荚为七八成熟，这时豆荚粒圆、粒

大,色泽深绿,并能保持鲜食毛豆原有的色香味,有较高的营养品质。

(2) 选择无病虫害、无霉、无斑点、荚色深绿的鲜毛豆,剔除带锈斑、虫蛀、损伤或破裂的豆荚及小豆荚。

(3) 将选择好的鲜毛豆用清水洗净其表面的尘土与污物(清水洗两次),然后放入烧开水的大锅中不停地搅拌煮 5min,水的 pH 值应控制在 6.5~7.0,在煮烫过程中可用碳酸钠溶液调节 pH 值,及时捞入塑料网筐中,为保证豆荚的色泽,控制在 5min 左右。

(4) 用 0~5℃ 的流动水将煮后的毛豆迅速冷却至中心温度 10℃ 以下并沥水。

(5) 放入 -30℃ 或 -40℃ 冰柜或冷库速冻,要求速冻好的产品互不粘连。

(6) 成品冷藏。整箱储存在 -18℃ 以下的冰箱或冷库内保存,保质期 6 个月。

(7) 包装。将速冻的鲜毛豆装入特制加商标的食品袋中,袋口用真空机封合,最后放入带有商标的大包装箱内封口。

四、毛豆罐头

1. 材料

鲜毛豆、食盐、蔗糖、氨基酸类调味剂、食用色素等食品添加剂,符合《食品安全国家标准 食品添加剂使用标准》(GB 2760—2024)。

2. 仪器设备

杀菌釜、恒温水浴锅、电磁炉、真空包装机。

3. 工艺流程

原料挑选→清洗→热烫→去荚→分级→护色→漂洗→装填→真空包装→杀菌→冷却→冷藏。

4. 操作要点

（1）汤汁的准备。将食盐、糖及其他调味料按要求配成4%左右的溶液，经121℃杀菌15min，冷却后备用。

（2）护色液的配制。将食用色素配成0.025%的溶液。

（3）原料挑选。选用豆荚大、具白茸毛或无茸毛的优良品种为加工原料。采摘时要求七八成熟，豆仁饱满、呈绿色，剔除带锈斑、虫蛀、严重损伤或破裂的豆荚及小豆荚。

（4）原料清洗。选好的毛豆用清水洗去表面的尘土和污物。

（5）热烫。温度控制在90~95℃，热烫时间2~3min。水的pH值应控制在6.5~7.0，在热烫过程中可用碳酸钠溶液调节pH值。

（6）冷却。用0~4℃的流动冷水将热烫后的毛豆迅速冷却至10℃以下。

（7）去荚。手工去荚，尽量不要损伤豆仁的表皮。

（8）护色。将豆仁用清水漂洗两遍，然后投入预热好的护色液中护色，护色液的用量以浸没豆仁为准，冷却后再于常温下静置。

（9）漂洗。从护色液中捞出豆仁，用清水漂洗掉豆仁表面的残留液，然后沥干。

(10) 包装。将准确称量的毛豆仁装填到耐蒸煮包装袋中,并注入汤汁,料液比为 7∶3,真空包装。

(11) 杀菌。加热杀菌。

(12) 冷藏。用冰水迅速冷却,使产品中心温度降至 10℃ 以下,于 0~4℃ 条件下冷藏。

保温试验。将产品放在 (37±1)℃ 条件下保温 7d,检验其杀菌情况。

5. 质量指标

(1) 感官指标。产品色泽均匀一致,为毛豆仁的自然绿色;质地脆嫩,豆仁的表皮完整,无破裂或脱落;具有毛豆特有香味,汤汁清亮。

(2) 理化指标。固形物含量 70% 以上,锡 ≤ 200mg/kg,铜 ≤ 5.0mg/kg,铅 ≤ 1.0mg/kg,砷 ≤ 5.0mg/kg。添加剂含量符合《食品安全国家标准 食品添加剂使用标准》(GB 2760—2024) 的有关规定。

(3) 卫生指标。(37±1)℃ 保温 7d,产品无变质、无致病菌检出。

主要参考文献

程贤亮，刘昌燕，舒军，等，2022. 湖北省鲜食大豆产业发展现状及对策［J］. 湖北农业科学，61（11）：15-18，43.

樊智翔，马海林，安伟，等，2008. 风味优质菜用毛豆晋豆38号速冻加工工艺［J］. 保鲜与加工（9）：41-42.

葛长军，卢华平，闫良，等，2018. 薯尖与苦瓜间作立体栽培技术［J］. 中国瓜菜，31（9）：63-64.

刘璐璐，2014. 加拿大毛豆的抗糖尿病活性研究［D］. 长春：吉林农业大学.

刘休燕，2024. 羊肚菌高产栽培技术［J］. 现代园艺（18）：80-82.

仝瑶，2019. 毛豆风味物质分析及休闲毛豆产品开发［D］. 南京：南京农业大学.

许林英，等，2022. 鲜食大豆高效种植新技术［M］. 北京：中国农业出版社.

严宇剑，2020. 鲜食玉米—菜用大豆高产优质间作模式研究［D］. 南京：南京农业大学.

张瑜，黄阿根，2019. 毛豆杀青及香糟冷食毛豆加工工艺研究 [J]. 美食研究，36（1）：63-66.

赵冬，2018. 夏大豆涡豆6号品种选育与栽培技术及耐热性研究 [D]. 合肥：安徽农业大学.

赵瑞莫，2008. 毛豆仁的加工技术 [J]. 农家科技（9）：42.

附 录

附录一 鲜食大豆轻简化栽培技术规程
(DB42/T 1842—2022)

ICS 65.020.20
CCS B 23

DB42

湖 北 省 地 方 标 准

DB42/T 1842—2022

鲜食大豆轻简化栽培技术规程

Simplified cultivation technical code of
practice of vegetable soybean

2022-03-23 发布　　　　　　　　　　2022-05-23 实施

湖北省市场监督管理局　发布

附 录

前 言

本文件按照 GB/T 1.1—2020《标准化工作导则 第 1 部分：标准化文件的结构和起草规则》的规定起草。

请注意本文件的某些内容可能涉及专利。本文件的发布机构不承担识别专利的责任。

本文件由黄冈市农业科学院提出。

本文件由湖北省农业农村厅归口。

本文件起草单位：黄冈市农业科学院、中国农业科学院油料作物研究所、湖北五佳农业生态科技有限公司。

本文件主要起草人：葛长军、杨中路、闫良、卢华平、徐丽荣、蒋艳艳、代俊芬、张中南、余铭。

本文件实施应用中的疑问，可咨询湖北省农业农村厅，联系电话：027-87665821，邮箱：hbsnab@126.com；对本文件的有关修改意见建议请反馈至黄冈市农业科学院，联系电话：0713-8695741，邮箱：hgsnkybgs@126.com。

鲜食大豆轻简化栽培技术规程

1 范围

本文件规定了鲜食大豆轻简化栽培的土壤要求、品种选择及种子处理、播种、田间管理、病虫害防治、收获、生产记录档案等内容。

本文件适用于湖北省鲜食大豆种植生产。长江中下游其他生态类型相似地区可参照执行。

2 规范性引用文件

下列文件中的内容通过文中的规范性引用而构成本文件必不可少的条款。其中,注日期的引用文件,仅该日期对应的版本适用于本文件;不注日期的引用文件,其最新版本(包括所有的修改单)适用于本文件。

GB 4404.2 粮食作物种子 第2部分:豆类

GB/T 8321(所有部分) 农药合理使用准则

GB 16151.1 农业机械运行安全技术条件 第1部分:拖拉机

NY/T 391 绿色食品 产地环境质量

NY/T 393 绿色食品 农药使用准则

NY/T 394 绿色食品 肥料使用准则

NY/T 503 单粒(精密)播种机 作业质量

3 术语和定义

下列术语和定义适用于本文件。

3.1

鲜食大豆 vegetable soybean

在大豆鼓粒后期收获鲜荚作蔬菜或加工的大豆,也称"毛豆"或"菜用大豆"。

3.2

轻简化栽培技术 simplified cultivation techniques

采用现代农业装备代替人工作业、减轻劳动强度,简化种植管理、减少田间作业次数,农机农艺融合,实现鲜食大豆生产轻便简洁、节本增效的栽培技术。

4 土壤要求

宜选择地势平坦、土壤结构疏松、肥力均匀、排灌方便、前茬未种过大豆、无菟丝子和严重土传病害的地块。产地环境应符合 NY/T 391 的要求。

5 品种选择及种子处理

5.1 品种选择

选择已通过国家或省级审定,熟期适宜湖北省不同生态区域的高产、优质、抗病、抗倒伏鲜食大豆品种。

5.2 种子质量

种子质量应符合 GB 4404.2 的要求。

5.3 种子处理

播种前晒种 1~2d，晒种时避免种子与地面直接接触造成高温伤害。

6 播种

6.1 机械整地

机械翻耕，耕深 10~15cm，土壤旋耕平整后开沟定厢，做到厢沟、腰沟、围沟"三沟"配套。早春地膜直播厢宽 180~200cm，露地播种厢宽 120~160cm，机械使用安全技术条件应符合 GB 16151.1 的要求。

6.2 播种期

2 月上旬至 5 月中旬播种为宜。

6.3 播种量

6~8kg/亩。

6.4 播种方式

采用播种机械播种的轻简化栽培技术，根据品种特性及要求将播种机株行距调整到位，一次性完成精量播种、侧深施肥、覆土镇压。播种深度 3~5cm，行距 30~40cm，地膜直播栽培密度 1.4 万~1.6 万株/亩，露地播种密度 1.6 万~1.8 万株/亩。播种机运行安全技术条件应符合 NY/T 503 的要求。施用三元复合肥（N：P_2O_5：

K_2O = 15∶15∶15) 20~30kg/亩。肥料施用应符合 NY/T 394 的要求。

7 田间管理

7.1 播后除草

播种后及时进行苗前封闭除草,施药按 GB/T 8321(所有部分)规定执行。

7.2 水分管理

降雨较多田间积水时及时清沟排水,降低田间湿度。

7.3 追肥

视植株长势和土壤条件,开花初期可喷施适量叶面肥。宜使用无人机施药进行轻简化栽培,肥料施用应符合 NY/T 394 的要求。

8 病虫害防治

8.1 防治原则

坚持"预防为主,综合防治"的原则。优先采用农业防治、物理防治、生物防治,科学使用化学农药,不应使用高毒、高残留的农药及其复配制剂。

8.2 防治方法

8.2.1 农业防治

选用抗病品种,选择健康种子。清除田间杂草,深沟高厢、合理密植。

8.2.2 物理防治

使用黄板诱杀蚜虫等害虫，放置密度 10~20 张/亩。使用豆荚螟性诱剂诱杀成虫，宜放置性诱剂装置 1~2 台/亩。

8.2.3 生物防治

加强病虫害监测预警，优先使用生物农药防治病虫害。保护瓢虫、食蚜蝇等有益生物。

8.2.4 化学防治

适期选用高效低毒低残留、环境友好型农药，宜使用无人机进行施药。每种农药连续施用不宜超过 2 次。注意农药的轮换使用，施药严格执行安全间隔期。病虫害防治应符合 GB/T 8321（所有部分）和 NY/T 393 的要求。

9 收获

鲜食大豆鼓粒后期，植株 80% 以上豆荚鼓粒饱满、荚色翠绿时田间收获，然后使用半自动脱荚机开展轻简化栽培技术进行脱荚。采后立即进行精选、分级、储运。运输过程应避免阳光直射和雨淋。

10 生产记录档案

生产档案包括产地环境和土壤肥力、农用物资的采购和使用、田间管理等农事操作、灾害性天气的发生及损失、主要病虫草害防治、主要经济性状及产量效益等。生产档案应保存 2 年以上。

附录二 毛豆秋繁制种栽培技术规程
（DB4211/T 14—2022）

ICS 65.020.20
CCS B 05

DB4211

黄 冈 市 地 方 标 准

DB4211/T 14—2022

毛豆秋繁制种栽培技术规程

Technical regulations for green soybean
seeds cultivation and reproduction in autumn

2022-08-30 发布　　　　　　　　　　　　2022-09-30 实施

黄冈市市场监督管理局　发布

前 言

本文件按照 GB/T 1.1—2020《标准化工作导则 第1部分：标准化文件的结构和起草规则》的规定起草。

请注意本文件的某些内容可能涉及专利。本文件的发布机构不承担识别专利的责任。

本文件由黄冈市农业科学院提出。

本文件由黄冈市农业农村局归口。

本文件起草单位：黄冈市农业科学院、黄冈市农业农村局蔬菜办、浠水县农业农村局。

本文件主要起草人：闫良、陈中建、何中华、代俊芬、金小燕、葛长军、吴鹏、徐丽荣、蒋艳艳、汪品三、李进兰、张中南、李莎、张熔。

本文件为首次发布。

附 录

引 言

毛豆口味鲜美、营养价值高，是我国南方地区栽培的重要蔬菜品种之一。南方地区春季多雨、夏季高温等自然环境条件，在毛豆春播制种时，豆荚易霉烂、发芽率低，夏播制种时又因高温、干旱等因素，导致种子急剧失水皱缩，出现干瘪，对发芽率和外观品质产生较大影响。因此，为提高毛豆种子发芽率，避免豆荚霉烂和"葡萄干"种子现象出现，利用我国秋季干燥的气候特征和毛豆生育期较短的作物特性，开展毛豆秋繁制种技术研究，特制定本文件，为我国南方地区毛豆种子扩繁、新品种选育及产业化生产提供指导和参考。

毛豆秋繁制种栽培技术规程

1 范围

本文件确定了毛豆秋繁制种栽培的产地环境与要求、生产管理、采收处理、常见病虫草害防治等内容。

本文件适用于黄冈市一般商品毛豆秋繁制种和育种材料的留种、扩繁，其他条件相似的地区亦可参照使用。

2 规范性引用文件

下列文件中的内容通过文中的规范性引用而构成本文件必不可少的条款。其中，注日期的引用文件，仅该日期对应的版本适用于本文件；不注日期的引用文件，其最新版本（包括所有的修改单）适用于本文件。

GB 4404.2 粮食作物种子 第2部分：豆类

GB 5084 农田灌溉水质标准

GB/T 8321 （所有部分） 农药合理使用准则

GB/T 8946 塑料编织袋通用技术要求

GB 15618 土壤环境质量

GB/T 32980 农业社会化服务 农作物病虫害防治服务质量要求

NY/T 525　有机肥料

3　术语和定义

下列术语和定义适用于本文件。

3.1

秋繁 seed reproduction in autumn

在 7 月上中旬播种，10 月底至 11 月中旬收获的种子扩繁方式。

4　产地环境与品种选择

4.1　产地环境

4.1.1　选地

选择土层深厚、地势平坦、可机播、机收的地块，避开低洼、贫瘠的黏性土壤。土壤质量应符合 GB 15618 的规定。

4.1.2　灌溉用水

应符合 GB 5084 的规定。

4.2　品种要求

4.2.1　品种选择

选择经审定、适宜本地种植的高产、优质、商品性好的毛豆品种，宜选择冈鲜豆 1 号、冈鲜豆 2 号、沪鲜 6 号、09-5 等毛豆品种。

4.2.2　种子质量要求

应符合 GB 4404.2 的规定。

5 生产管理

5.1 整地与施肥

5.1.1 基肥

整地前撒施基肥，基肥采用有机肥配合化肥施用。即商品有机肥 100kg/亩以上，N-P-K（16-16-16）复合肥 20kg/亩，可选择施用硼砂 0.5~1.0kg/亩、硅肥（25%）4kg/亩做基肥。施用肥料应符合 NY/T 525 的规定要求。

5.1.2 整地

在 6 月中下旬翻整土地，将土壤旋碎、耙平，根据地块形状开沟作畦。

5.2 播种

5.2.1 播种时期与方式

播种期一般为 7 月上中旬，根据品种特点和天气情况可适当调整播期。可根据当地条件和播种习惯，采用机播或人工播种，进行穴播或条播。

5.2.2 密度

保苗 2 万株/亩左右，株行距为 0.08m×0.4m。

5.3 田间管理

5.3.1 追肥

5.3.1.1 苗期

3~5 叶期结合生长势，可撒施 N-P-K（16-16-16）复合肥

10kg/亩进行追肥。

5.3.1.2 始花期

开花始期,结合长势,可施用尿素 15kg/亩。

5.3.1.3 花期后期和结荚期

可将磷酸二氢钾 150g/亩、尿素 350g/亩、硼中钼 40g/亩,兑水 60~75kg/亩进行叶面喷洒,几种肥料也可单独施用。整个生育期,喷施 1 次叶面肥。

5.3.2 控旺

生长过旺,可在初花期,施用 15% 多效唑 40g 兑水 60~75kg/亩进行 1 次喷雾。

5.3.3 水分管理

适时排灌,确保毛豆正常生长,避免烂荚、"葡萄干"种子出现。尤其是开花期和结荚期,若遇气候干燥需适时灌溉。

5.4 除杂

田间管理严格去杂。可根据扩繁品种的叶形、株高、茸毛色、花色、荚色和荚形等外观特征差异,在开花、结荚期严格去除杂株。

5.5 摘叶

毛豆生长后期,叶片脱落异常时,可适时摘除部分叶片。

6 常见病、虫、草害防治

6.1 常见草害防治

6.1.1 化学防控

豆田除草以化学防控为主,可分为芽前除草、茎叶除草。除草

药剂的施用应符合 GB/T 8321 规定的化学农药防治要求。

6.1.2 芽前除草

毛豆播种后，墒情好的地块在播后 3~4d 喷药，墒情较差的地块在出苗前 4~5d 时结束喷药。药剂可选择乙草胺（48%乳油），用量 400mL/亩，兑水 60kg/亩喷雾。

6.1.3 茎叶除草

毛豆出苗后 2~4 片复叶，进行防除。可选择施用 10.0%精喹禾灵乳油（30mL）+250g/L 氟磺胺草醚（25g），用量 120mL/亩+100g/亩，兑水 60kg/亩喷雾。

6.2 常见病虫害防治

6.2.1 病虫害防治分类

病虫害防治以化学、物理防治为主。喷施农药、安装杀虫灯、释放天敌、性诱剂等防治虫害。喷施生物农药和化学农药防治病害，防治过程应符合 GB/T 8321、GB/T 32980 的规定要求。

6.2.2 常见病害防治

常见病害有花叶病毒病、根腐病、霜霉病、白粉病等，其为害方式及防治方法见附录 A。

6.2.3 常见虫害防治

常见虫害主要有斜纹夜蛾、造桥虫、蚜虫、卷叶螟、点蜂缘蝽等，其为害方式及防治方法见附录 A。

附 录

7 收获与储存

7.1 采收

易裂荚品种,宜采用人工收获,当干枯豆荚达50%以上时,可进行收割,晾晒至豆荚全部干枯时脱粒。抗裂荚品种,可进行机械收获,当全株有95%的荚成熟,摇动时开始有响声的植株达50%以上时,可进行机收。

7.2 晾晒

收获后,利用后熟,将收割的毛豆植株平铺于干燥地表,适度晾晒,待毛豆植株彻底干枯后进行脱粒处理,经晾晒,水分在12%内、杂质控制在1%内。

7.3 精选

将晾晒后的毛豆通过筛网,挑选后种子质量应符合GB 4404.2的质量要求。

7.4 包装与储存

精选后的毛豆种子用编织袋包装,编织袋应符合GB 8946的规定。置于干燥、防潮、防虫鼠的库房储存。

附录 A（资料性）
毛豆常见病虫害及其化学防治措施

A.1 表 A.1 给出了毛豆常见病虫害及其化学防治措施。

表 A.1 毛豆常见病虫害及其化学防治措施

分类	名称	为害特征	防治措施	注意事项
常见病害	花叶病毒病	植株矮化，叶片呈黄绿相间的花叶并皱缩，叶缘下卷或叶片扭曲，有时沿叶脉两侧有许多疱状突起。嫩叶症状较明显	杀灭蚜虫（防治方法见蚜虫防治）	
	根腐病	初期茎基部表皮出现淡红褐色不规则的小斑，后变红褐色凹陷坏死斑，绕根茎扩展致表皮枯死，根系不发达，根瘤少、地上矮小，叶色淡绿	70%的1 000~2 000倍液的噁霉灵可湿性粉剂，或50%的800~1 000倍液的多菌灵可湿性粉剂，喷施药液45kg/亩	
	霜霉病	叶片表面呈圆形或不规则形、边缘不清晰的黄绿色星点，后变褐色，叶背生灰白色霉层	25%甲霜灵可湿性粉剂，按种子重量的0.5%拌种。田间发病时可用甲霜灵800倍液喷洒，用药液45kg/亩	
	白粉病	初期在叶片上产生近圆形粉状白霉，后融合成粉状斑，严重时布满全叶	发病初期喷施10%苯醚甲环唑1 500倍液，用药液45kg/亩	
常见虫害	斜纹夜蛾	为害嫩茎，蛀食豆荚	0.5%甲氨基阿维菌素1 500倍液，用药液45kg/亩	
	造桥虫	将叶片边缘咬成缺刻和孔洞，甚至全部吃光，仅留少数叶脉	2.5%溴氰菊酯乳油2 000倍液、2.5%高效氯氟氰菊酯乳油2 500倍液，用药液45kg/亩	
	蚜虫	在顶叶、嫩叶、嫩茎上刺吸汁液，被害处会形成枯黄色斑，严重时叶片卷缩、脱落，植株矮小、分枝、结荚数减少。另外，大豆蚜还能传播病毒病	可选用10%吡虫啉可湿性粉剂800~1 000倍液、30%噻虫嗪2 500倍液，用药液量45kg/亩	蚜株率超过50%，或田间有5%~10%的植株卷叶时连续喷施2次，隔7~10d

(续表)

分类	名称	为害特征	防治措施	注意事项
常见虫害	卷叶螟	为害大豆叶片,吐丝将2片叶粘在一起,躲在其中咬食叶肉,造成膜状叶、残缺不全叶,有些叶片上还可见明显的丝网	选用1%阿维菌素乳油1 000倍液、2.5%溴氰菊酯乳油2 000倍液、50%杀螟松乳油800~1 000倍液药液用量45kg/亩	田间1%~2%的植株有膜状叶或卷叶时,连喷2次,隔7~10d
	点蜂缘蝽	主要为害大豆的嫩叶、生长点、嫩荚等部位,可造成大豆叶片卷缩,主茎停止生长。为害豆荚时,会在上形成黑色坏死斑	10%吡虫啉可湿性粉剂1 500倍液、2.5%高效氯氟氰菊酯乳油2 500倍液、30%噻虫嗪2 500倍液、3%阿维菌素乳油5 000倍液,药液用量45kg/亩	5~7d喷1次药,连喷2~3次。大豆椿象易产生抗药性,上述几种药应交替使用
	烟粉虱	以成虫或幼虫在寄主的叶背群集吸食汁液,并传播病毒病。作物受害后,叶片变黄,植株生长衰弱	药剂防治可采用2.5%扑虱净可湿性粉剂、5%吡虫啉乳油、25%阿克泰颗粒剂,药液用量45kg/亩